海鳥ブックス23

日本的風景考

稲作の歴史を読む

齊藤　晃

海鳥社

「いろは島の印象」梅野巖夫

はじめに——風景をして歴史を語らしめること

京都の寺の五重塔は山を背景にして立っており、東京の寺の五重塔は背景に山はない。京都が山裾につくられた都市であり、東京（江戸）が海辺につくられた都市であるからである。

山裾から海辺へ、日本列島では、人々は稲を作りながらそこに住み、生業をなしながら、山裾から遠ざかっていったのである。

『古事記』や『日本書紀』には水害の記事がないのに、『続日本紀』には多くなるのは、このときを境に天候に変化があったのではなく、雨が続けば氾濫し、洪水となる場所に、人々が住むようになったからである。長雨が続き、台風で大雨となり、川が氾濫し、洪水となっても、人や家畜の命が失われたり、財産を失ったりしなければ水害とはいわない。

水害は、長雨や大雨で氾濫する場所に人や家畜や財産があるから起こるのである。『古事記』や『日本書紀』が編纂されたころに水害が始まることになるのだが、なぜそのころに始まるのであろうか。

水平で方形であること。これが新しい時代風潮であり、天子様の空間は水平で方形であることが理想空間とされたからである。平城京（奈良）もこの理想の下につくられた空間であり、条里制水田も同様である。平城京ばかりでなく、藤原京も太宰府も理想空間都市としてつくられたのであり、平安京は、いわばその仕上げの都市である。

理想空間を実現するのは川の氾濫地にしか、その場所はない。山の谷川を下って来た水が山裾の傾斜がゆるくなった場所である。

以来、より広い水平地を作るために川を下ることになるのである。いわゆる土手で川の流れを制御することにより、川の側に土地をつくり出して河口まで達することになる。河口ちかくでは、川の流れもゆるく、大雨や長雨で流量も多くなるから、土手はそれに耐えられるものでなくてはならないから大きく高くなる。川土手の風景は、江戸時代になってできあがった風景なのである。

山裾の京都から海辺の東京までは、風景の特徴で言い換えれば、傾斜地に水平な土地をつくるゆえの段差と、氾濫地の水と土地を区分する大きな土手ということになる。

『萬葉集』が山裾の歌と海辺の歌しかなく、人々はその場所で生業を成していたことが言えるが、蕪村のつぎの句は、川の下流域、河口の風景を詠んだものである。

菜の花や月は東に日は西に

見渡す限りの菜の花のなかにいて、東も西も視界を遮るものがないのである。

五月雨や大河を前に家二軒

梅雨の雨で増水した川の土手にあぶなっかしく家がある、と解釈されるが、土手のなかを流れるようになったからこその風景であり、蕪村はむしろ時代の先端風景として詠んだかもしれない。

かくのごとく、風景は時代を写すものである。言い換えれば、時代の特徴は風景に表れるものであるから、風景は歴史が見えるのである。

姉川の合戦跡や川中島の合戦跡に立っても、そのままでは当時の風景は見えない。姉川の合戦場も川中島の合戦場も川の合流地である。現在では土手の内を水が流れ、合流地の内側は水田となり、果樹園となっている。当時は内側には土手はなく荒蕪地であったのである。

この荒蕪地であれば、両軍合わせて万に及ぶ戦士が走り回ることができる広さである。戦国時代までは、合流地の河川管理は片側だけに土手を築いて流れを制御していたと想像し、風景を思い描かなければならない。

ひとつの区切りで、時代の主人公が替わると見れば、片側土手は守護大名の風景、両側土手は戦国大名の風景であると言い換えてもいい。

もうひとつの区切りである水害の始まりのころも主人公の交替と見れば、風景も変わったはずである。

　姉天照大御神との誓約に勝った速須佐之男命が勝に乗じて田の畦を壊したり、溝を埋めたり、神殿に屎まり散らしたりする話が『古事記』にある。神殿に屎したのは酔って吐いたのがそう見えたのでしょう、畦を壊したり、溝を埋めたりしたのは新しく作り直すためでしょうと、天照大御神は弁解するのだが、なお悪態は止まず、その後天照大御神は天の岩戸に隠れることになる。

　溝で水を引き、畦で水平面を作り水田とするのは傾斜地の水田風景である。この風景は水害記事が多くなる『続日本紀』以前の『古事記』『日本書紀』の水田である。

『古事記』や『日本書紀』の編纂者たちは、神々を目の前の風景のなかで活躍させている。神々は、これら「記紀」の時代よりはるか以前に活躍したはずである。稲作が日本列島に伝わって二千五百年といわれ、「記紀」のころは千三百年ほど過ぎている。千三百年前からの風景の変わり様は、川を下り河口にまで達することで見ることができるが、それ以前の風景は見ることができない。「記紀」の成立よりもはるか以前の神々が、「記紀」の編纂者たちが見る風景のなかで活躍することなどない。そのことは、姉川の合戦や川中島の合戦で、現在我々が見る風景のなかでは万を超える戦士たちが戦うことは不可能であり、土手のない荒蕪地の風景を思い浮かべ、そのなかを走り回らせることで、ようやく合戦の響動きが聞こえてくることからも言えるが、時代に合った風景に調整しなければならなかったのである。

物語とはそんなものである。読む者も書く者も目の前の風景のなかで英雄を活躍させ、ときに感動し、ときに涙する。「記紀」の神々たちも同様で、書かれたときに活躍する必要があったのである。

神々が去ったあと。日本列島では水害が始まり、水の流れを工夫すれば、新しい土地を得ることができることになる。その新しい土地は川の側に作られ、管理能力を超える雨が降れば氾濫し害を被ることとなる。

工夫次第で新しい土地が得られるのであるから、他人の土地を奪うことなどない。奪われる心配がないなら城壁で守ることもない。日本列島の風景に城壁がない所以である。

新しい土地での主人公は新しいことを強調することである。前の時代の古さを言い募ることによってそれを為す。「廃藩置県」が明治になって実施された。古い地方行政単位の「藩」を廃止し、新しい制度として「県」を置く、というものであるが、それ以前に各々の大名領を「藩」といった事例を見ないから、各大名の領地はこのときに始めて「藩」となり廃止されたのである。以後江戸時代の大名領は藩となったのである。

戦後の新しい時代も同じである。新しい時代は平和と民主主義を基調とすることで始まり、戦前がいかに軍国的で平和的ではなかった、こんなに非民主主義であったと強調するばかりで、平和と民主主義の理想像なるものは語られなかった。六十年が過ぎようとする今日でも始めの目標が達せられたかどうかはわからない。

歴史は、書かれたことと、物証によって語られてきた。書かれたことと物が一致すれば、歴史的事実ということになる。ところが、書かれたことは多いのに物がない場合は書かれたことによって想像し、これも歴史的事実としてきた。

風景も人々が住み生業を営み、子を産み育てそしてつぎに伝えていったその繰り返しを見ることができる。その上、書かれたものは先に見たように、多すぎる悪口か、多すぎる弁明を割引いて読み解かなくてはならない。

風景は目の前のものをそのまま歴史的事実として見ることができるし、そのまま読み解いてもいい。風景のほうが正確に歴史を語っている。

齊藤　晃

二〇〇四年十二月五日

日本的風景考◉目次

風景の始まり

初夏に水を張った田に植え付けられた苗は、高温多湿であるといわれる日本列島の夏の強い陽光と高い気温と大量の水によって成長する。やがて、秋となり黄金の実りを迎え収穫となる。日本の夏の風景は、稲の育ち振りを見ながら過ごすことなのである。

高温多湿が稲作りに適しているとはいえ、旱《ひでり》が続けば、水不足を心配し、雨が続けば、日照不足と水害の心配をする。さらに、風が強ければ、倒れることまで心を痛めなければならない。

夏を稲作の風景の中で過ごそうとすれば、かくのごとく心安まる時はない。その上、稲の成長が順調であればあるだけ高温多湿が続くことであり、この気候は人にとっては必ずしも快適なものとは言い難い。

日照りや雨や風は、いわゆるお天気まかせなのであるが、人は手を加え工夫してその水を管理して役に立つ水にしなければならない。

稲は、その大半の期間は水の中で成長する。その場所が水田である。水田とは水を張った田のことである。

桐は山裾の庭木

巨大な盥《たらい》であると思えばいい。その縁にあたる部分を畦といい、底にあたる平らな所に稲は植え付けられるのである。

大きな盥だろうが、小さな盥だろうが、盥の底はなめらかな平面でなければならない。底に凹凸があるものは、いい盥とはいわないように、水田も、田面はなめらかな水平でなければならない。さらに、盥の縁から水が漏れればつかいものにならないように、水が漏る水田もつかいものにならず、そこでは稲は作れない。畦を補修して水漏れをなくし、田面を均し水が水平を保つようにすることは、稲を植え付ける前しなければならない大切な作業である。これを怠ると水田の水が漏り稲をつくることはできない。秋に稲を刈り取ってからは水を張らずにいたからである。

これは酒作りや、味噌作りで桶を使っていた頃、仕込みを始める前に大量の水を使い桶をよく洗うことと似ている。これは、桶を清潔にするためもあるが、桶が漏らないようにするためである。

長い間使わずにいた桶は乾燥していて水が漏るから、大量の水で乾燥状態を湿った状態に戻して水漏れをなくして使い始めるのである。毎日使っていた風呂桶や、盥は乾燥するまもなく使い続けるから、乾燥戻しの作業はいらない。

水田も同様で、冬の間、水を張らずにいた田に水を張るには乾燥戻しの作業がいるのである。この作業、つまり春田起こしから稲作りは始まる。

水は一枚の水田に均等に張らなければならないし、次の水田へと順繰りに一様に巡り回らなければならない。

一枚の水田の水の管理はその水田を作る人が、順繰りに巡り回る水の管理は、巡る水で水田を作る人たちがする。それがうまくできる人がいい農家であり、いい農村ということになる。いい水田の連なりが稲作の風景である。名人たちが作った巨大な盥がわずかな段差をつけて連なり、その中を水が順繰りに回っている。

水があり、水平に保てる土地があり、日当たりがよければ、そこを水田となし、稲を作る。これが、日本列島の稲作の歴史である。

傾斜が険しければ、盥は小さく、次の盥との段差は大きい。緩やかであれば、盥は大きくなり段差は少ない。稲を作る所に段差のない土地はない。これが稲作の風景の特徴であるとも言える。

盥のたとえをいいかえれば、水平面の縁に突起、次にまた、水平面、また突起。水平と突起、つまり、水田と畦が傾斜地を段差の連なりにしてしまっている、なめらかに続く傾斜地は、日本列島では見られない風景である。

段差の連なる風景が日本列島の稲作風景なのである。苗を植える前と稲を刈りとった後の水田ではその特徴がよく見える。水平な田面とそれを取り囲むような突起物、つまり、畦がそのまま見えるから段差の素そのものを見る事ができるのである。苗が植え付けられ成長するにつれて、田面と畦は次第に見えなくなり、代わって稲の穂先が段差を示すようになる。

帚木草は草原の草

なだらかに続く丘の上に羊が群れ、羊たちがのんびりと草を食んでいる。この風景は、段差などなく広がっている。

ミレーの絵「晩鐘」の祈りをする人たちの立つ地面は、水平ではないが、なだらかに広がっている。「落ち穂拾い」も同じである。ゴッホの「ひまわり」の花々の広がりもうねりながらもなだらかに続いている。

稲を作らない地面には段差などないし、段差など必要もない。むしろ、段差のある地面など不便で使い勝手が悪い。地面は急傾斜でなければ多少の凹凸にはこだわることはない。水平に近ければそれだけ農作業がしやすいだけのこと。ジャガイモ畑がうねりを見せながらも広がり、トウモロコシも同じように広がっている。

稲を作るための水田の段差は稲作特有の風景を作ることにもなったのである。

段差のある風景は稲作の風景であり、その風景の中で人々は稲を作ってきたのである。人々は、水があり、日当たりがよく、水平を保てる土地があれば、そこを水田にして、稲を作ってきた。そして、それは今も続いている。

日本列島では、この段差のある風景の中で人々は稲を作り、それを主要な食料としてきたのである。稲を作りそれを食い、子を産み、育て、水田を作り、それを子に残してきた。その代々の重なりが、今の稲作風景として目の前にある。

稲を作り初めた頃の人々も、今と同じ風景の中で稲を作っていたのだろうか、そうではないはずである。今目の前にある風景は長い稲作りの間の人々の工夫の結果としてある風景のはずである。

日本列島に稲作が始まって、二千五百年とも六百年ともいわれるが、その始まりの頃も段差のある風景の中で稲が作られていたのだろうか。それとも違う風景の中であったのだろうか。稲作の始まりの頃の風景を思い浮かべることはできないものであろうか。そして、その風景は、今、目の前に、毎年繰り返される夏の稲作風景と同じものなのであるのだろうか。

もし、二千五百年の間に稲作の風景に変化があるとすれば、その風景の変わりようは稲の作り方の変化でもあるだろう。

その変化をたどることが稲作の歴史でもある。その歴史を明らかにすることは、米を食べてきた日本列島の人々の歴史が見えてくることでもある。

歴史は、文書と物とで確認する事になっている。つまり、物や事柄に付いての文書があり、それが物や事柄で確認できれば、その事や物は歴史的事実となるのである。だから、過去の物や事柄の有無真贋を確認するには、その事について書かれたものを探せばいい。あるいは、物や事柄が確認しがたい場合には、書かれたものだけで推測し歴史的事実とするしかない。時間を隔てた物や事柄は、多くの場合そうして歴史的事実となる。有史以来といわれる物や事柄のことである。

日本列島の歴史は、書かれたものによって歴史的事実とされることが多い。隣の大国は文字の国、記録の国であるから、日本列島で事実確認をしないまま歴史的事実となるのである。書かれたものと書かれたものを読みくらべて歴史的事実を確認することも歴史をたどる方法のひとつでもある。

日本列島で稲作が始まったとされる二千五百年前のことが書かれている文書が隣の大国にはあるのだろうか。

大文字文明、大記録文明の大国にも、稲作のことを記載する文書を見つけることはできない。稲作のことなど書かない。これが、文字文明、記録文明の約束事、いや、作法でもあるようである。

うつしを蝉にうつして空蝉

書物に限らず、あると言うより、ないと言うほうが格段に難しいようである。いや、ないと言うことは不可能であるかも知れない。

あることの証明には、それを示せばいい。書物であれば、その条を。蟻であれば、一匹の蟻を。ないことの証明は、それほど簡単ではない。犯罪の場合は、その人がその場にいなかったことを証明するために、他の場所にいたことを示して不在証明とするように、ある条件下でならないことの証明は可能である。

食べ物がない証明ならば、時間の経過と共に餓死者がでることになる。これは、時間の経過を使っての証明ということになる。

さて、その事にふれた書物はない。と言いきるにはどうすれば良いのであろうか。

世に有る書物を全部読んで、その条は有りませんでした。とするのもひとつの方法であろうが、とうていできる話ではない。世に有る書物を全部が不可能であれば、それをいくつかに分類し、その分類の中から可能性の高そうな部分だけを読む。読むことは一部分だけとはいえ、分類の作業は全部読む以上の手間と時間のかかることであり、とてもできる話ではない。

となれば、書物とはどんな事が書かれたものであるのか、それを作った人の思いはどうであったのか、を整理してみて、探している事柄が書物に書き表される可能性の有りなしを調べるほうが、手当たり次第に書物を読破するという方法より近道であるかも知れない。今、稲作の風景を書き残した書物などないと言いきろうとしているのである。

まさに、そのものずばりの条など書き残されるはずはなく、むしろ、その事にはふれない事こそが文字を書く人たちの作法であり、隠れた約束事であるということが分かってくれば、稲作の風景の条などあるはずがないということになる。

よく知られている「田園将に蕪《あれ》なんとす胡《いずくん》ぞ帰らざる」の陶淵明《とうえんめい》の「帰去来兮辞」でさえ、田園風景は描かれてはいないし、ましてや、その蕪れ様の描写など及びもつかない。陶淵明にとって「田園が蕪れる」のは水田が荒れるのではなく、故郷の田園での交友関係や、親類縁者との関係が疎遠になることであり、「いざ帰りなん」とは、それらの関係を修復するためなのである。稲を作る水田であれば、「田園が蕪れる」ことは稲が作られなくなることである。大量の水が得られなくなるか、地面の水平が保てなくなるか、畦が毀れて水漏れがするか、ひとの力の及ぶことは、これらの修復しかないはずである。

稲を作る人であれば「帰りなんいざ」は、水田の回復のために蕪れた田園に帰ろう、となるはずである。

とはいえ、田園のことを述べた部分に「三径就荒」という条がある。

諸橋の『大漢和辞典』では、径の項に「①こみち、②ちかみち、③みち、④あぜみち、⑤

……」とある。

畦は、水田に張った水を漏らさぬように田面を囲っているもので、田面より高くなっているものである。その畦を通って水田に行き帰りもするし農作業をする場ともなる。さらには、近隣の人々も行き来する道ともなる。いわゆる、田の中の道である。

畦には三通りのはたらきがあるということができる。ひとつは、張った水を漏らさぬこと。ひとつは、それを農作業をする場として使うこと。さらには、農作業をするために道として使ったり、近隣の人々も行き来すること。

したがって、田園の中の道は畦を行き来することであるといえる。

「帰去来兮辞」の中の「三径就荒」の径は、『大漢和辞典』の「③あぜみち」のことであると解釈したほうがよさそうである。

だから、「三径就荒」は、畦が毀れて、水田に水が張れなくなっているのである。当然のことながら、水の張れない水田では稲作などできないし、畦道を通る人の行き来も途絶えている。故郷の我が家への道さえ無事かどうかあやしいものである。

我が家への道、家の前の道が「荒に就く」ことは、家の前の水田でさえ蕪れているということであり、稲作はできないし、家へ帰り着くことさえ危ういことである。その上、我が家さえも無事であるかどうか分からない。

家の前の水田でさえ荒れてしまっている事は、深刻な事態である。遠くの水田ならば作るのに手間がかかるから作らずに荒らす事はよくあることだが、家の前の水田でさえ荒らす事は、もはや、稲作りを放棄した事とおなじ事である。

ずいぶん後の事になるが、二十世紀の日本列島で米が余るようになり、減反政策なるものが実施された。稲作りの人々に、米を作るなという政策である。

その時、稲作りの人々は、手間のかかる水田、行き来の不便な水田から作らなくなった。その政策は何年も続き、ついには、家の近くの作りやすい水田ばかりが残ったのである。

減反されて稲を作らなくなった水田は、行き来する人もなくなり、やがて藪となり、雑木が茂り、水田としては使い物にならなくなった。何百年、いや、千年以上かもしれない間、稲を作ってきた水田は、わずか数年で雑木の山に戻ってしまった。

稲を作る人が水田を放棄するということは耐え難い事ではあるが、山に戻った水田は、そこに足を向けなければ見なくていい。見なければ、その分、それだけでも心を痛めないでいい。ところが、「帰去来兮辞」では、家の前の水田が荒れているのである。大変なことである。「酒有りて樽に盈てり」と、よろこんでいる場合ではないと思われるのだが、稲を作る人ではないから、あえて、「三径就荒」など気にはしないのである。

大文字文明、大記録文明の文字表記の作法、約束事とはかくのごときものである。

田園の風景など書かないこと、書いても暗示程度にしておくこと。稲が不作でも、水田が毀れてしまっても、その事を、稲を作る人のようには悲しまないこと。できうることならその素振りさえ見せないこと。文字を読み書きするものは。

であれば、書かれたものを読み、水田の様子や畦の状態、つまり、稲作の風景を想像するにはわずかに暗示された表現を読み解いて風景を思い描かなければならないことになるのである。

里の日暮れは早い

あぜみちを異なった文字で書き表している作品がある。同じく、陶淵明の『桃花源記』である。後に、理想郷の代名詞として使われるようになる「桃源郷」のことである。「桃源」という地名が長江中流域にある洞庭湖に注ぐ支流を溯ったところにある。

この理想郷はそれがある所もさることながら、いつのことであるかも明確に分かるのである。「晋大元中」とあるから、晋の大元年間のことである。晋の考武帝の年号で、紀元三七六年から三九六年のことである。

ともかくも、時と場所が特定されて、しかも、稲作発祥の地とされる所からも近い場所の風景を、暗示された表現から解き明かしていくことにしよう。

かならずしも、四世紀後半の長江中流域の稲作の風景が、稲作風景の始まりとは言えないだろうが、風景の始まりを「桃源郷」から始めるのも悪い嗜好とは言えまい。

ここでは、あぜみちが、「阡陌《せんぱく》」と　表記されている、阡、つまり南北に貫くあぜ、陌は東西をいう、阡陌と必ず対で表され、一説では、阡を東西、陌を南北をいうこともある。あぜみちのことを「帰去来兮辞」では「径」と表し、『桃花源記』では「阡陌」と表す。しかも作者は陶淵明である。

阡陌と、必ず対で表記されることから、東西及び南北の直線が交差していることを言い、径とは異なることを意味しているのではなかろうか。

東西に直行するあぜみちと南北に直行するあぜみちとで囲まれた水田は、正方形または、方形となる。一方、径はかならずしも直行するあぜみちではなく、地形に応じてそれぞれの形で水平を保っている水田を取り囲む畦のことではないだろうか。

東西線と南北線が直行し、その線で囲まれた空間は、正方形か長方形の空間となり、整然と連なることになる。その空間で稲が作られれば、それは条里制の水田である。

いいかえれば、条里制の水田のあぜみちのことを阡と言い、陌と言うのであり、径は、地形にあわせて水平を保つ水田を取り囲むものをいうのである。

これが、耕すこと、人々が作るもの、方形の空間をこそ、文明であり、美しいとする考えであるのである。

ことは、田園での水田のことに限らず、皇帝の居城も東西に直行し、南北に直行する城壁で囲まれた空間も正方形または、それに近い方形である。

王城は方形であるばかりでなく、その空間もまた方形に広がる。王城の方千里内を畿内《きない》といい。その外五百里を候服《こうふく》といい、さらにその外を、と空間は方形に限りなく広がるのである。

これは、後に日本列島にも見られることにもなる。藤原京、平城京、長岡京、平安京、太宰府などに方形空間があり、今でも、その方形の中で人々は生業を営んでおり、直行する道路を行き交っている。

東西と南北に直行するあぜみちで囲まれた水平な空間に作られるのは稲であり、直行する道路で囲まれた水平な空間で人々は生業を営んできた。方形の地で生きてきた者は、特異な空間ばかりでなく、時間までもが特異な流れの中にあったのである。

中国の歴史は古く、五千年とも、それ以上ともいわれる。中国の成立は一九四九年であるから、千年はおろか、わずか五十年にすぎないのである。それ以前は異なる空間と時間がいくつかあったのであり、通算して五千年ということはなじまない。

秦といい、漢といい、唐、宋、明は帝国といわれ、王朝ともいわれた、漢帝国、唐王朝というように。そして、それぞれの王朝は、独自の空間と時間を支配したのである。

空間の広がりを版図《はんと》といい、方形の空間は限りなく広がるのである。その東のはて、日本列島には東夷《とうい》がい、北には北狄《ほくてき》、南に南蛮、西は西戎《せいじゅう》。人にあらずけものたちが住む所までの広がりをもつ。

東夷は史書によっては倭とも記述され、北狄も同じく匈奴《きょうど》、鮮卑《せんび》、突厥《とっつき》などと記述されてきた。それ程の広がりをもつ空間であり、皇帝はその中心である王城の、さらに中央の王宮にいるのである。

時間もその皇帝を中心にして時を刻む、その数え方を元号という。景雲、大元などと。日本列島の平成、昭和、大正、明治などもこの流れをくむものである。

異なる王朝によって同じ元号があると、どの王朝であるかを付して、晋大元などと表記する、『桃花源記』の時の特定に使われた表記のように。

だから、日本の鎌倉時代、室町時代というようには、中国の漢時代、唐時代とはいわない。日本の鎌倉時代、室町時代という場合は、日本が空間を限定し、鎌倉時代や室町時代は時間を限定するのだが、中国の漢時代、唐時代という表記は、それぞれの王朝が独自の空間と時間を支配するのであるから、現代中国の空間と時間、漢の空間と時間、唐の空間と時間を同一に並べることはできないのである。

奈良時代に表記されるようになった日本は、それ以来、同じ空間の中で、異なる時間が流れることなく続いているから、奈良時代、平安時代、鎌倉時代のように、その時間を区切ることができるのである。

ところで、中国の書き表し方であるが、一九四九年に中華人民共和国（略して中国）と自ら宣言したから、ここでは中国と表記する。それに従い、世界の他の国や、日本の例のように領土の広がり、つまり、空間を限定するものとして書き表すことになる。

版図《はんと》は限りなく広がるのだから、国境などという概念はない。けだもの同様の塞外の民でも、皇帝と時の流れを同じくし、皇帝が使う文字と同じ文字で文書を書くことができれば、文を通じ、通交ができるのである。

塞外の民と書いたが、皇帝と同じ文字を使い、同じ時の流れを数えることができれば民の違いなどないのである。それができないものを夷といい、狄といい、戎、蛮、というのであるから、漢字（皇帝の文字）と元号（皇帝の時の流れの数え方）を使うことができれば、皇帝の民なのである。中国文明が文字の文明であるといわれるゆえんである。さらに中国文明は、文字を使うことの他に、定住し、土地を耕し、政治ができることも大きな要件である。あるいは、そうすることで、自らを他と区別するし、そうあることを自ら律してきたともいえる。

定住することなく遊牧する北の民は文明人ではないし、耕すことなく漁取りをする東の民も同じく文明人ではないのである。

東夷の国、日本列島の歴史を語るとき、その始まりの頃が書かれている書物を中国に求めて、『魏志倭人伝』や、『後漢書東夷伝』の記事から始めることになっている。これら二書に限らず、中国の史書に書かれている日本列島の民は、ことさらに非文明人として描かれていることを、中華思想の分だけ割り引いて読まなければならない。

これは、東ばかりでなく、北についても同じことであり、南でも西でも同様である。

「漢時有朝見者今使訳所通三十國」（『魏志倭人伝』）。皇帝が使う文字と同じ文字が書けたのであろう、使訳通じる所が三十もあるのだから。耕すことについては「差有田地耕田猶不足食」。（同）主要な食糧ではないが、わずかばかりの田があり、それを耕していることが分かる。

次に、政治のことであるが、これは礼儀作法、習慣風習のことであるとして見てみると、ことさらに野蛮な服装、風俗を強調して、礼も知らず、官位も整わず、束帯もないことを書き連ねている。

文身をして海に潜り魚を捕り、それを食らっている。海岸沿いに生業を成す者であれば文身の有りなしをのぞけば当然の生業ごとを、文字を書く人たちの習慣にないことであるから、野蛮なこととしてしまっている。これは鯨を食べる日本人に対して欧米人が批判するのと同じで、食習慣の違いにすぎないのである。さらには、生の刺身を食べることに対しても、加工することなく食べ物を口にすることは下品なこととするのは、食文化の違いにすぎないのであり、上品とか品がないとかということではない。

生業の中で海を見ることのない文字を書く人が、海辺の民をあえて倭人というのであれば、倭人は日本列島の海辺ばかりでなく、朝鮮半島にも、台湾にも、海南島にも、中国大陸の海辺にもいたはずである。

耕し、育て、その果実を口にすることが命を長らえる方法と思いこんでいる人が、他の方法で命を長らえていることを、文字を知らず時の流れを数えることさえも知らないことと合わせて、ことさらに礼儀作法も知らぬ粗野な輩とするのである。

文字で書き残すことも、同じように習慣の違いであるにすぎないのかも知れないが、書き残されているものによって、その有様を伺い知ることができることは、後の世のものにとっての関心を強くする材料にはなっている。

ともあれ、史書を編纂する王朝の最大の関心事は、王朝を脅かすことのありなしである。脅かす恐れのあることについては記述が詳細になる。軍事制度、城郭、城壁の大きさ強さ、武器のこと、兵隊のこと。東夷が王朝の脅威になろうなどとは思いもしないが、王朝の版図の広さを示すために書いたまでのこと。

中華思想を割り引けばそうなる。これは東ばかりでなく北も南も西も同じことである。ただ、北については、陸続きの上、騎馬を上手に操り兵も強く軍団も強固であるから、しばしば中原を脅かした。王朝にとって北への備えを強くすることが王朝存続の死命を決することともなったのである。

「指南」という言葉がある。「教え示すこと、教授すること」、と辞書にはある。語源は指南車からきているという。南を指す車のことである。磁石が南北を指す性質を利用したもので、現在でいう羅針盤のことである。

北を征伐した王朝の軍隊は、この指南車に導かれて南行すれば無事に中原に帰ることができる。南を指すものに従っておれば生きて帰ることができる。転じて、教え示すことを意味するようになった。北との関係でうまれた言葉であり、意味である。これほどに北との緊張は強くしかも長い。中国の史書は北との歴史を書くことであったともいえる。

天命により、先の王朝に代って王朝を建て、新しく空間と時間を支配することになった先の王朝からはかくのごとく引き継いだと書き残すのが史書である。

わが王朝の始まりは先の王朝を引き継ぐことから始まるのである。史書は先王朝を記述することから始まる。始皇帝からの中国王朝の歴史は、このようにして書き残されてきた。

後代の王朝から史書を書いてもらうこと。これが王朝の定義であることは、古来、中国で文字を書く人の常識である。

ここで、現在の日本の歴史観とのずれがでてくる。王朝・帝国とは、絶対権力を持つ皇帝が領土と民を支配することとなのだが、中国の常識では後代から史書を書かれることが王朝であるのだから、秦や漢や唐は王朝となるが清は王朝ではないことになる。

清の次の王朝はまだ出現しない。つまり革命いまだ成らずだから、清書はない。したがって清王朝はない。中国王朝二十八は、ひとつ少ないことになる。

このことは、逆から言えば、先の王朝の正史を書くことが自らを王朝たらしめることになる事業でもあるのである。

日当たりのいい山裾に自生

現在の日本で、企業や集団の代替わりの時に揶揄的に引用される川柳が有る。

売家と唐様で書く三代目

　初代、二代は創業の苦労を知るから必死に事業を守るが、それを知らない三代目になって失敗し、家を売ることになってしまった。凡庸な三代目の悪口を言っているのだが、「唐様」の意味が欠落したままである。「売家」と書いた書体のこと、と言う人もいるが、そんな書体はない。「唐様」、つまり、中国式に書くとは、中国の歴史書の作法を適用すればいい。三代目ともなれば、事業も安定するだろう。王朝でいえば創業期から、その権力基盤の安定を図る時期にあたる。わが王朝の栄光の歴史を書くべき時なのである。

　それなのに、この川柳の三代目の書き残したものは「売家」であったというのである。「唐様」の意味するところが分かったほうが、この川柳はなおおもしろい。三代目も三代目のやるべきことはちゃんとやっているのである。

　事実、中国の王朝が正史編纂事業に取りかかるのは、その多くが三代目であった。

　この川柳に限らず、日本には俳句や和歌という独自の形式をもつ表現方法がある。

　俳句、川柳は十七字。和歌、狂歌は三十一字。いずれにしろ、多くの文字を使うことなく簡略に表現することが上手な作り手とされる。

　作者と読者との間に共通する常識、あるいは知識を前提としなければ、この簡略表現で意を通じることはむずかしい。

「三代目」の川柳でいえば、現在では「唐様」の意味は分からなくなってはいても、家を売って夜逃げする三代目でも、その意味とおかしみは通じる。この川柳が作られた当時は「唐様」の意味するところを知っていたものが多かったのであろう。揶揄するおかしみが深かったから現在まで伝えられることになった。

同じ時代に生きる者には、共にする知識、共にする常識は多いから簡略表現や省略した表現でも意は通じるが、時代が異なればそれは多くは望めない。『誹風柳多留』からいくつか拾ってみて、当時との常識とおかしみの遠近を確かめてみることにする。

役人の子はにぎにぎを能覚《よくおぼえ》　（初編）

これは解説無用であろう。当時も今も役人は同じことをするし、そのように見られているから、その子までが幼い時から上手ということ。

本降りに成りて出て行く雨やどり　（初編）

これも、今のところ説明無用であろう。ただし、天気予報の確率が高くなり、降りそうな時には必ず傘を持つということになり、軒や庇のない洋風の建物ばかりになれば、雨やどりなどはなくなってしまうかも知れない。

あくる日は夜討と知らず煤を取り　（六編）

これは、説明なしでは少しばかりあやしくなる。あくる日の夜討ちとは忠臣蔵の討ち入りのことで十二月十四日、その前日は十三日、年末の煤取りの日である。そうとは知らずに、討ち入られることになる吉良邸でも煤取りをしたのであろう、知っていたなら大がかりな正月迎えの行事などすることはなかっただろうに。

当時の風習や習慣はどのくらい伝わっているのだろうか。川柳を読み、解説を読んでもなお分からない。これでは川柳の意味がない。

作者と読者が「にんまり」とか、「そこまでいうの」とか、何のことについて言っているのか両者に共通するものがあって、お互いに解説無用で意を通じることができてこそ川柳の「おかしみ」はある。

川柳は十七文字、書き表された作品を読み、作者の意図するところを充分に汲み取るにはいくつかの条件が必要であることを言いたかったので、その簡略表現の代表である川柳を例にした。

同時代の空気を共にし、同じ文字を使っていてさえ、常識や教養、それについての作法を心得ていても、意を通じ合うことは難しい。時代が異なり、文字使いの作法が異なる中国と日本ではなおさらのことである。

中華思想と文字使いの特徴にふれたのは、中国の書物の表現を借りて稲作、つまり、水田の風景を思い描くことはできないものかと考えたからである。

ようやく陶淵明の「帰去来兮辞」と『桃花源記』に水田の様子を書いたらしい表現を見つけて、稲作風景の書かれたものの始まりだと決めつけようとしているのである。

一方では径といい、一方では阡陌という。強いて違いをあげればまっすぐであるか、そうでないか、ということになる。

これは、水田のあぜみちの違いばかりでなく、直線であることが中国では文明なのである。王城も直線で囲まれ、王宮も直線で囲まれるばかりでなく、それから広がる空間までが方形である。

中国の空間ばかりでなく、日本列島でさえそうである。『魏志倭人伝』にこんな表現がある。対馬国は「方可四百余里」一大国は「方可三百里」。文明人が住んではいないはずの日本列島でさえ空間は方形で現される。つまり、文字で書き表す空間は方形であると決まっているのである。

広がりの目安であるならば、方可四百余里と四辺の一辺の長さで表しても、径可四百余里というように、円に見たてて、その径の長さで表してもいいはずである。そうであるのに中国では方形でしか表されていない。

中国文献の表現上の傾向などというだけですませることではなく、中国人はそう思って文字を書いていると決めつけていい。

定住し、耕し、文字を書き、礼を守ることが、中国人にとっては文明人であることの条件であると先に書いた。そして、そのことが、書き残された書物には、そうでない人々をことさらに蔑みの目で見た思いで表現することになる。『魏志倭人伝』に見たとおりである。

一方では、そのことが中国人を強く律することにもなる。

北の中国人が南に移住した集団を客家《はっか》という。その移住が二千五百年前という客家もある。二千五百年間同じ所に住んでいれば定住といえるのだと思うし、日本列島では、二千五百年前から同じ場所に住んでいることが確認できる一族などはいないのだが、中国では定住しない人たちとなる。中国人の文明観はかくのごとくすざましい。

そのことは、日本語と中国語（漢字）との違い、ことばの数の違いにも見ることができる。日本語には先祖の世代をいうことばは三代しかない。つまり、父系でいえば、ちち、じいちゃん、ひいじいちゃん、父、祖父、曾祖父。後世代は四代で、こ、まご、ひまご、やしゃご、子、孫、曾孫、玄孫。

自分をいれて前後八代、一代二十五年としても前後二百年。先祖伝来とはいってもわずか百年なのである。それ以上のことを言い表すことばがない。

中国語（漢字）では、父、祖父、曽祖父、玄祖父、来祖父、昆祖父、及祖父、雲祖父、と八

代までことばがあり数えることができる。二百年前まで、二百年後まで、数えて四百年。

二千五百年でも定住しなかった先祖というぐらいだから四百年ぐらい何ほどのことがあろう。とはいえ、世代を言うことばの数の違いは彼我の文明観に違いを生じないとは言われまい。

江戸っ子は江戸に三代以上住むものをいい、親の代からでは江戸っ子とは言えない、という日本と、二千五百年住んでもなお定住者にはなれない中国との違いは、説明し、了解するという範疇をはるかにに超えている。

そして、その場で耕すことが文明人なのである。

中国の農作業用具は日本のそれよりも柄が長い。耕すとき、中国人は腰を屈めずに作業し、日本人は屈めて作業する。作業能率からいえば柄は短いほうがいいと、日本の耕作人は言う、ところが、中国人は耕すぐらいで平伏することはないと言う。能率の問題ではない。姿勢の問題なのである。

腰を屈めることは平伏することであるから、この姿勢は皇帝の前でしかしないことに中国ではなっている。日本では神前でそうする。

日本の神社で、神主が神前で祝詞をあげる姿勢が平伏である。この姿勢へのこだわりは、わずかに神前のことだけになってしまい、耕すときにまで平伏する日本の耕す人は作業能率を上げるため、短い柄の農具で汗をかきかき土を起こす。

中国の皇帝が日本人のこの様を見れば、礼を知らぬ無礼者と思うに違いない、平伏は自分の前で自分にこそ向けられるべきものであるのに、所かまわず、勝手な方向に腰を屈めているのだから。

耕す姿でさえこの違いである。ましてや口にする物や、その仕方の違いはなおさらである。耕して収穫しそれを食べる。これもまた食べる作法である。文化文明の違いは食べ方の違いと言っていい。食材を加工し美味く食うこと、これもまた文明的なこだわりなのである。手を加えることなく食べ物を口にすることなど文明人のすることではない。

自然に成った物を採り、泳いでいる魚を捕り、口にすることなど野蛮人のすることなのである。単なる食文化の違いなどと言い切れることではない。

『魏志倭人伝』を書いた人と読む人の差も同様である。

陶淵明も、この作法、この思いの中の人である。はるかに時を隔てて、日本人が読む人となり、その、作法、思いの半ばにもいたらずに、わずかな手がかりで稲作風景を推量しようとするのは無謀なことかも知れないが、ここは書かれたことより書いた人の作法と意を読みとることにしよう。

田園詩人といわれる陶淵明は風景を思い描くヒントを書き残しているが、中国歴代の詩人たちは風景を思い描く様な物はのこしてはいない。王城の風景、つまり、建物や塔などは書き残しているのだが、そのほかの風景はせいぜい遠くの山ぐらいである。

まるで、目線は水平より下に向けないこと、というのが詩作りの約束事のように、目線を下に向けている詩はない。これは中国の詩人ばかりでなく、日本の詩人たちも同じことのようである。

中国にしろ日本にしろ、文字を書く人の思いは同じようになって、目線の高さで文章ができている。そんな中で、稲作の風景、水田の様子を書き残しているからこそ田園詩人とあえて称されるのだろうか。

末は美しい紅になるとはいえ

あぜみちに戻ろう。

径を、土地の状態に合わせて作られた水田のあぜみち。阡陌を直行するあぜみちであるとすると。径は傾斜の急な所に作られた水田の畦であり、阡陌はかなりの広がりをもつ土地を意図的に区画された水田の畦であることになる。

であれば、条里制の広がりはどの程度のものになるのだろうか。

里はおよそ一〇〇メートル四方のことである。その里をいくつ並べたものを条というのであろうか。

のちの日本列島で、奈良時代の条里制の水田がいくつか残っているが、その広がりを確認することは難しい。つまり、里がいくつ並べば条となるかをである。

里の内を三十六に分けてその一を坪という例に倣うと条は六里ということになる。となれば条里制の広がりは六〇〇メートル四方が最低となる。

その広がりは確保するのにさほどの困難はないであろうが、田面を水平にし、水を保つ畦を作り、しかも、その水はそれぞれの水田を順繰りに巡らなければならないとなると、その労力は厖大なものとなる。

傾斜地にへばりつくように段をなして連なる水田。棚田といわれ、畦ばかりが目立ち稲を植える面積はわずかばかりである。その風景を見てさえ、その水田で稲を作る労力は驚くばかりであるが、そこを水田に成した労力に思いが及んだ時、その驚きはなお強いものになる。

幾世代の労力を重ねてできあがった風景であるのだろう、日が当たり、水平な田面にし、しかも見上げる程の段差の畦でありながら水も漏らさぬ作業を続けて稲をつくり続けてきた。

この風景の中の畦は直行などはしてはいない。

何回か畦が崩れ稲が作れない年もあったであろうが、何度も補修し水を張り漏れない田として稲を作ってきた。畦が直行していないのは地形にもよるであろうが、この補修によるゆがみでもある。

その棚田が一戸の農家のものであればその農家が、数戸のものであればその数戸の農家が代々の作業でこの風景を維持し、補修し、稲を作ってきた。

最低でも六〇〇メートル四方の条里制の水田となれば、一戸の農家や数戸の農家でできる作業の規模をはるかに超えている。

まず、全体の設計、次に施行、となり個人的に水田を作ることとは事の性質がまるで異なってくる。仮に六〇〇メートル四方として三十六里、一人二反の斑田とすると一里に五人の農民となり、百八十人の農民が、その条里制の水田で稲を作ることになる。百八十人の合議制であれ、律令国家の国家プロジェクトであれ、集団を導く指導者なしでは設計も施行も不可能である。

これは、条里制の下で水田を整備するということだけでなく、その水田で稲を作り続けることについても指導者の下でのこととなる。つまり、水の管理もまた指導者の掌握の下となる。直行するあぜみちとそうでないあぜみちの違いはかくのごとくである。一方は一戸か数戸で、一方は大きな集団で、稲を作る作り方までが異なるのである。

径で表現される水田の畦は、どちらかといえば傾斜地のあぜみちを意味し、阡陌の畦は水平面が広がる土地のあぜみちで、その直線は最低でも六〇〇メートルは続くのである。

いいかえれば径は山裾の水田、阡陌は平野の水田といえる。

ところが、そう言いきってしまえば都合の悪いことになる。川の流れでいえば径は上流の水田の畦、阡陌はより下流の水田の畦ということになり、陶淵明が帰ったであろう彼の故郷、江西省潯陽は『桃花源記』の場所より下流にあるのである。

長江の中流域洞庭湖の西に「桃源」郷はあり、下流域ともいえる「帰去来兮辞」の地から四〇〇キロも上流なる。

もちろん、土地の広がり、傾斜の緩急は地形によるものであり、川の上流、下流で一概にいえるものではない。一般的には上流域の平地より下流域のほうがはるかに広い。

ここはこう考えた方がいい。阡陌のある水田は理想郷の田園風景である。耕すことはかくあらねばならないという中国伝統の例の表現なのである。

条里制が大きな指導力の下に整備されたものだとすれば、律令制度による水田であると見たほうがいいようである。

ところが、『桃花源記』は後に見るように、人里離れた所にあり、武陵の漁人の報告を聞いた役人が、人を遣わしたが見つからなかったという場所であるから、桃源郷の水田に課税されているはずはないのである。

ここでは、課税の有無、律令制度の条里制であるか否かは問わずに、四世紀後半に理想とされた水田は直行する畦が直交した空間であるとされていることである。陶淵明が帰った田園の水田は曲がった畦の状態ではあっても課税されていたであろうことは容易に想像できる。だから、田園が荒れ、税の収入が減ることは大変なことで、その田園再建のために帰らなければならないのである。

陶淵明（三六五～四二七年）の時代の稲作風景は地形に合わせて水平を保つ水田で畦もその形状に合わせた径であったことが分かるが、なお理想とされるのは直行し直交する畦からなる水田であったのである。

その水田は空想の空間にあるもので、むしろ、現実にはあり得ない風景であるといったほうがいいのかもしれない。そのことは『桃花源記』が、結局は二度と見出すことができなかったという物語の仕掛けとも符合する。理想郷の始まりでもあり、物語の仕掛けの始まりであるともいえる。

どうしてそこにいるかは分からないが、気がつけばそこにいた。目も見張る程の眺めの中に人々は穏やかに暮らしている。その人々は難を逃れて隠れ住んでいて、今がどんな時なのかも知らない。

その場所を探したが分からなかった。

この構成は、後に中国でも日本でも物語の語り口になるもので、ものを書いたり、語ったりする人たちが好んで使う仕掛けでもある。ともかく、その『桃花源記』の原文と書き下し文（岩波文庫）を引用する。


晋大元中武陵人、捕魚為業。縁渓行、忘路之遠近。忽逢桃花林、夾岸数百歩、中無雑樹、芳華鮮美、落英繽紛。漁人甚異之。復前行、欲窮其林。林盡水源、便得一山。山有小口、髣髴若有光。便捨船従口入。初極狭、纔通人。復行数十歩、豁然開朗。土地平曠　屋舎厳然。有良田、美池、桑竹之属。阡陌交通、鶏犬相聞。其中往来種作、男女衣著、悉如外人。

黄髪垂髫、並怡然自楽。見漁人、乃大驚、問所従来。具答之。便要還家、為設酒、殺鶏作食。村中聞有比人、咸来問訊。自云、先世避秦時乱、率妻子邑人、来此絶境、不復出焉、遂與外人間隔。問今是何世、乃不知有漢、無論魏晋。比人一一為具言所聞、皆歎惋。余人各復延至其家、皆出酒食、停数日、辞去。比中人語云、不足為外人道也。既出、得其船、便扶向路、處處誌之。及郡下、詣太守設如比。太守即遣人随其往、尋向所誌、遂迷不復得路。

晋の大元中、武陵の人、魚を捕うるを業と為す。渓に縁うて行き、路の遠近を忘る。忽ち桃花の林に逢う、岸を夾むこと数百歩、中に雑樹無く、芳華鮮美にして、落英繽紛たり。漁人甚だ之を異しむ。復た前に行きて、其の林を窮めんと欲す。林は水源に尽き、便ち一山を得たり。山に小口有り、髣髴として光有るが若し。便ち船を捨てて口より入る。初は極めて狭く、纔に人を通すのみ。復た行くこと数十歩、豁然として開朗なり。土地は平曠にして、屋舎は厳然たり。良田、美池、桑竹の属有り。阡陌交り通じ、鶏犬相聞こゆ。其の中に往来し種作する男女の衣著は、悉く外人の如し。黄髪・垂髫、並びに怡然として自ら楽しめり。

漁人を見て、乃ち大いに驚き、従って来る所問う。具に之に答う。便ち要えて家に還り、為に酒を設け、鶏を殺して食を作る。村中、比の人有るを聞き、咸来たりて問訊す。自ら云う、「先世、秦の時の乱を避け、妻子・邑人を率いて此の絶境に来り、復た焉より出でず、遂に外人と間隔せり」と「今は是れ何の世ぞ」と問う。乃ち漢の有るをすら知らず、魏・晋は論うまでもなし。比の人、一一為に具さに聞ける所を言うに、皆歎婉す。余人各々復た延きて其の家に至らしめ、皆酒食を出す。停まること数　日にして、辞し去る。比の中の人語げて云く、「外人の為に道うに足らざるなり」と。既にして出づるや、其の船を得て、便ち向の路に扶い、處處に之を誌す。郡下に及び、太守に詣りて説くこと比の如し。太守即ち人を遣して其の往くに随い、向に誌せし所を尋ねしむるも、遂に迷いて復た路を得ず。

「浦島太郎」「おむすびころりん」「こぶとり爺さん」などの物語を思いうかべてみるのもいい。

亀の背中に乗って、おむすびが転げおちた穴や、木の洞を通って、異世界にたどり着く。その場で見たこと聞いたことしたことはまるで夢のようであった。気がつくと元の世界に帰っており、再び往こうとしても往くことができなかったという。

同じ仕掛けは中国でも、枕を使い、壺を使って物語が展開される。

『桃花源記』では、さらに後の仕掛けの元となるものがある。「先世避秦時乱」である。秦の時の乱であればこの物語の成立時からおよそ六百年前のことになる。先に書いた日本語のことばでは言い表せない間隠れ住んでいる。

「秦の時の乱」を逃れたのは中国内ばかりではなく、日本にも逃れてきており、その物語は後の物語の元ともなるのである。

理想郷の元、物語の元としての『桃花源記』はその内容や組み立て、仕掛けばかりでなく、水田の風景を、しかもその水田が理想的なものとして描かれる始めでもある。

水害のない風景

紅葉が映えるのは山の麓

日本列島の稲作はどんな風景の中で始まったのだろうか。水田が連なり、段差のある地面の広がりは稲作の始まりと共にあったのであろうか。

四世紀後半の長江流域の水田でさえ、直行し直交する畔は理想の田園風景として描かれているのを先に見た。つまり現実の水田は直行しない畦であり、土地の形状に合わせて作られた水田の水を漏らさぬための畦であったのである。

日本列島のその頃の様子は『魏志倭人伝』や『後漢書東夷伝』に見るとおりことさらに海辺の民のことしか書かれてはいない。日本列島に耕す人など住んではいないことになっているのだから。

日本列島に稲作が伝わって二千五百年という。四世紀後半といえば稲作伝来八百年を超える。直行し直交する畔で整えられた水田があったなどとは思わないが、曲がりくねった畔の水田ではあったはずである。

海南島や台湾島の水田耕作民が二十一世紀の今日でも、海を渡って来てこの島で稲を作り続けている、という伝承を持っている。日本列島でも同じように海を渡ってきた人々が稲を作り始めたのであろう。それが二千五百年前とはいえないにしても。

海南島や台湾島にはそれが伝わり、日本列島には伝わらなかった。あるいは一方は伝える必要があるから伝わってきたし、一方はその必要がないから消えてしまった。一方は伝えることばがあったから伝わり、一方はそれがなかったから消えてしまった。

あるいはまた、定着し、耕作することが文明的に生きることという思いが強かったり、そうでなかったりして、今に伝わったり伝わらなかったりしたのであろう。

日本列島の稲作の伝わりを振り返ってみようとするのがこの研究である。

愛でる花はどれも里の花

稲を作るためには、豊かな水と、水平な地面と、日当たりがよくなければならない。二千五百年前に舟で日本列島に渡って来た人は、「無良田」の海辺から、稲を作りやすい場所をさがしたはずである。海南島や台湾島の人たちと同じように。

水平にしやすい土地があり、日当たりがよく、水があるところが、やがて住み着く所となり、稲を作り続けることになるのである。

「良田」が海辺にはなかったことは中国の史書にあるとおりとして、そこから離れた所で、稲を作る人びとが稲作伝来以来の営みを続けていたはずである。

あえて、中国の史書が日本列島の耕す民のことを書かないならば、日本の史書にそれをさがすことにしなければならない。

『日本書紀』がそれである。書かれたのは八世紀の始め。「桃源郷」からさらに三百五十年ほどの時が過ぎている稲作が日本列島に伝わって千二百年が過ぎたことになる。その間、海を渡って来る人たちは繰り返しやって来たであろうし、稲を作る人たちも来た。そして、日当たりがよく、水平にしやすい地面に水を当て、水田とした。その場所を『日本書紀』から読み解くことはできないものだろうか。

ありていにいえば、『日本書紀』にも田園風景は書かれてはいない。この書もまた、中国の作法を倣って書かれたものだからである。

文を書く人は、目線より下のことは書かないこと。人と人との関係や建物の立派なことなどを誇らしげにしか書かないことなどである。『日本書紀』が中国の史書の作法をまねて作成されたことは明らかなことであるが、いくつかその作法に反したことがある。

ひとつは、書名のことである。『後漢書』『三国志』『宋書』などが後の王朝によって書かれ、書かれた王朝の歴史とされ、書いた方がその王朝を引き継いだことになるということは先に書いた。つまり、漢王朝の歴史を後代が書き『後漢書』と。宋王朝のことも同様に後代が『宋書』を書いた。

しかるに、『日本書紀』の場合は日本のことを日本が書いているのである。革命なった後の王朝が先の王朝のことを書くのが中国の歴史書の作法のはずである。しかも、『旧唐書』に倭から日本と名を変えたと書かれている時と同じ頃に作成されている。

中国の作法からいえば「倭書」といわれる歴史書を倭の後の日本が書いたということにならなければおかしいことになる。革命はあらず、が日本の歴史観であるのだから、日本には中国でいう歴史書はないことになる。王朝は発足以来続いているのだから。

ひとつは、『日本書紀』といい、王家、つまり代々の天皇のことしか記載がなく「伝」がないこと、あるいは伝わってないこと、まさしく「紀」だけの書であること。

さらにもうひとつは、実際にこの書紀を書いた人たちの余技といえば言えないこともないのだが、「或る書にいわく」の表記が見られることである。

中国の書物では、その作者が古い書物から引用をするし、そっくりそのままの表現を用いたりすることも先に述べた。多くそれを用いることは教養の深さを示すことであって、今日の常識である著作権の侵害でも何でもない。その常識の著作権の及ぶ時間はせいぜい五十年、中国の書き物の時間概念はそれをはるかに超える。

『日本書紀』の作者たちは、この中国の常識を行使したかったのだろう。これは読んだことのある書物からの引用ですよ、と。

残念なことながら「或る書」が日本には伝わっていないから、文を書き読む者たちが、お互いの教養の深さ、読んだ書物の多さを確かめ合うことができない。

中国は、やはり文字文明の国である。これらの書が多くあり、引用の書、その条までを確認できるのである。この作法は今日の中国でなお生きているようである。魯迅の『阿Q正伝』にそれを見ることができる。「正伝」という使い方も始めてであるし、「阿Q」は「伝」に立てられるような英雄でも豪傑でもない。

「阿Q」は魯迅が創作した中国の代表的庶民であり、この代表的中国人が変わらなければ中国は変わらない、という思いが込められている。「正伝」は、伝統的に「伝」で立てられる人物ではないから、引用してはいけませんよ、「伝」はこれだけですよ。という意味を持つ「正」なのである。

魯迅があえてそう宣言しなければならない程に『阿Q伝』であれば、引用されるかもしれないのである。


文字文明の国を意識し、それを真似て作成された『日本書紀』ではあっても、その作法をそっくりそのまま真似ることはできずに、いくつかの点では、見てきたように作法破りもある。とはいえ、『日本書紀』は日本列島では『古事記』と共に最も古い書物とされている。

日本列島の稲作の風景の始まりは、日本列島の最古の書物『日本書紀』にさがしてみるしか他に方法がない。先に書いたように『日本書紀』にも、田園風景をうかがわせる条はない。この場合は、一冊の書であるから「ない」と断言できる。具《つぶさ》に読み通せばいいことであるから。
では、『日本書紀』も水田の風景を思いうかべるに足ることは書かれてはいないのであろうか。書かれていないから水田はなかった。稲は作られてはいなかった。とは思えない
八世紀当時、稲は作られていたという思いで、その裏付けのための条を『日本書紀』の中にさがしている。

上賀茂神社も下鴨神社も山の麓

裏付けを書物にたよらなければ、考古学の裏付けはいくつもある。日本列島の各地で何カ所でも弥生時代の遺跡発掘は多くある。その遺跡には必ず稲が出土し、稲作があったことが確かめられている。

稲作は弥生時代に始まった。いや、弥生時代は稲作の始まりと共に始まった。というのが日本の歴史の常識であった。それが最近では、縄文の時代から稲作が確認されており、弥生時代は稲作と共に始まったという常識を修正しなければならなくなった。

日本列島での稲作の歴史は、かつての常識二千年から、二千五百年になった。

「桃源郷」の時代、四世紀後半では、日本列島でも稲作が始まって八百年ということになる。

同じ時代に書かれた『魏志倭人伝』『後漢書東夷伝』に稲作のことが書かれていない理由は先

に見た。

『日本書紀』にも書かれていないことも同じ理由によるものであるだろうと、これも先に推察したとおりである。


古墳発掘現場に立ち、いつも思うことがある。古墳は、いくつかの例外はあるが小高い丘陵地にある。水があり、水平にしやすい地面があり、日当たりがよければ、そこを必ず水田にした。というのが稲作の歴史であることは、繰り返し述べてきた。

古墳は小高い場所にある故に、日当たりはよく、水平にする地面はあるのだが水がない場所にある。つまり、水田にならない場所に位置しているのである。

水田で稲を作るために、毎年繰り返し繰り返し地ならしをして水平を保ち、水漏れを止めるために畦を補修し、うまく水を引きうまく水を排するために水路を保つ。耕す人の手で管理されていれば荒れることなく稲を作り続けられるし、そうして長い歳月稲作風景は続いてきた。

ところが、古墳の発掘は伐採から始まる。作られた当初は祀る人があり、竹や木など繁ることもなかったであろうが、長い間に祀る人もいなくなり、忘れられ、山に戻ってしまっている。切り株や長年の間に積もった土や木の葉や木の根など、いわゆる表土を剝ぎ、原型をだす。

あるいは、円墳であり、方墳であったり、前方後円墳であったりする。外形からでもその古墳の作られた時代はおよそ分かるらしいが、決定づけるのは遺物である。

出土したものが鏡であったり、剣であったり、勾玉であったりで、作られた時を推量する。五世紀後半だとか、六世紀にかかるとか。葬られた人の力の大小までを明らかにする。発掘報告書には常にそれらが詳細に記載されている。

発掘現場に立ったことのある古墳の報告書であればなおのこと、報告書に満ち足りない思いをするのはいつものことである。

詳細であることはいい、出土物から考察するのも正しい方法である。葬られたものの力の大きさを思いうかべるのもいい。満ち足りない思いは、その古墳から見下ろす風景が書かれていないことである。

伐採し、表土を剥いだ古墳の発掘現場は、日陰もなく、風を防ぐものもない。夏は強い陽光の下で、冬は寒風の中で、その作業は続けられる。どんな小さな遺物も見落とすことがないように。

その場から見下ろす所には、必ず水田があるのである。報告書にはその風景のことは書かれていない。葬られた人の権力の大小、支配した地域の広狭はいかなるものであれ、葬られた場所はその権力の及ぶ場所であったはずである。その権力を支えた水田を見下ろす小高い丘に葬られたのである。

だから、その古墳から見える水田は、古墳が作られた時には稲が作られていたのである。葬られた人も、その古墳を作った人もその水田の米を食っていた。

古墳が作られたのが六世紀であれば、その時に古墳から見下ろすところに水田があった。風景のことなど発掘報告書に書かないのは、何の根拠もないし、証明もできないから科学的な考察とはいえないことであろうが。

神木も神様も山裾ずまい

稲が作り始められた頃の風景を思い描くために『日本書紀』を読もうとしているのである。そしてその『日本書紀』には田園風景は書かれていないことは先に確かめた。

稲作の発達が日本列島に階層分化をもたらし、支配者と被支配者を生んだということは歴史の教科書の常識である。

支配者たる者の権力の支えが稲であるならば、それを作る場所は当然のことながら、その権力の及ぶ範囲のはず。

古墳が出現し、そこに権力者が葬られたということは、その権力の背景が何であるにせよ、その主要部分は作りうる水田の広さであったはずである。その水田の見える場所に葬られる。その古墳を、その水田の稲が支えた。

『日本書紀』が書かれた時には稲が作られる水田は、古墳の広がりと歩を合わせるように広がっていたのである。

五世紀後半の古墳であれば、そこから見下ろす場所に五世紀後半の水田が、六世紀前半であれば六世紀前半の水田がそこにあったのである。そして、その古墳が作られなくなった時を引き継ぐように『日本書紀』が作成されるのである。

その『日本書紀』に水害の記事が見られるのは欽明天皇（五四〇〜五七一年に比定）二十八年のことだから、紀元五六七年のこととなる。それまでは水害の記事は見られない。稲作りが始まって八百五十年ほどたつのに、水害はなかったのであろうか。

何度も書くが、水平な地面があり、日当たりがよく、水の便がいい所を水田として稲を作ってきたのである。その水が一度も暴れることがなかったのであろうか。

それとも、「皇紀」だけの史書にはよくないことは書かないのであろうか。中国の史書で天変地異の記事は、その王朝崩壊の兆であるから、革命のない日本では天変地異などないことになるのであろうか。もしそうであれば、日食や旱の記事があることがおかしくなる。やはり、水害はなかったのであろう。

ともかく、日本列島で初めての水害の記事を『日本書紀』に見てみよう（以下いずれも岩波書店、日本古典文學大系『日本書紀』より）。

欽明天皇（五四〇〜五七一年に比定）

廿八年　郡国大水飢。或人相食。転傍郡穀以相《あい》救

郡國《くにぐに》、大水《おおみづ》いでて飢えたり、或い人相食《くら》ふ。傍《かたわら》の郡《こほり》の穀を転びて相救《あひすく》へり

頭注にこうある。『漢書』「元帝紀、初元元年九月の条」の文「関東郡国大水、飢。或人相食、転旁郡銭穀以相救」による。

漢の元帝の頃であれば、紀元前のことであるが、その記事を引用したとなると、仮に事実だとしても、六百年の時のへだたりがあることになる。

大水で食糧が収穫できず、食べるものがなく、人相食う状態であったが近隣から食べ物を転んで救った、というのであるが、この文章は前半よりも後半に文意はある。

治政がゆきわたり、災難にあっても相互に救助できる世になりましたよ。という。その災難の例に大水が使われたのである。その大水の例であれば『漢書』からその条を借りてきたのである。もちろん、関東という地名と当時日本にはなかった銭を除いて。

指導者（この場合天皇）の治政を語るひとつの方法として、困難にどう対処したか、災難に対する備えを例にあげればいい。この場合、困難や災難の度合いはひどく大きい方がいい。それだけ対処や備えが鮮やかになる。

稲作についての記事がないから、稲を作るのに欠かせないもの、水の記事をさがす、しかも、その水によって被害を受けること、水害の記事をさがしてみたら『日本書紀』の水害の初出がこれである。

水害列島日本の始まりとしてはずいぶん遅いことのように思われる。稲を作り続けるゆえに常に水を利用して生業を営んできた日本列島の人々は、水と共に生きてこなくてはならなかったから、水害は直ぐ隣にあった。なのに、水害の始まりは欽明天皇の条を初出としたら六世紀のこととなる。稲作の始まりを二千五百年前とすれば、千年以上ものの間、水害のない稲作が日本列島で続いていたことになる。

水害が始まって千三百年。ことに最近の百年ほどを見ても、水害のない年はないと言えるほどに多いのに、千年以上も水害のない稲作が続いていたことはどのような水田であったのだろうか。

秋の台風、梅雨の長雨、水害をもたらす雨は、その量の多少はあっても必ず毎年やってくる。これは二千五百年前も千三百年前も同じはずである。堤防が決壊し、川が氾濫し、建物が流され、田も冠水し、あるいは田が破れ、稲の収穫ができなくなる。時には人の命さえ奪われる。現在の水害の様子をかいつまんで記述すれば、こうなる。

先に見た水害の始まりの欽明天皇の条では水の暴れようは分からない。この条が水害よりも、記事の後半、天子の政治の徳を書くことを主眼としているからであろう。

次に水害の記事があるのは、推古天皇の時代になる。三箇所あるが、その条を見てみる。

推古天皇（五九三〜六二八年）

九年夏五月、天皇居于耳梨宮。是時大雨。河水漂蕩、満于宮庭。
五月に天皇《すめらみこと》、耳梨《みみなし》の行宮《かりみや》に居《ま》します。是《こ》の時《とき》に大雨《ひさめ》ふる、河《かわ》の水漂蕩《みづただよ》ひて宮庭《おおみや》に満《いは》めり。

卅一年（最後の条）
自春至秋、霖雨大水。五穀不登焉。
春《はる》より秋《あき》に至るまでに、霖雨して大《おお》き水《みづ》あり五穀《いつつのたなつもの》登《みの》らず。

卅四年　春正月桃李花之
最後の条　六月、雪也。
是歳、自三月至七月、霖雨。天下大飢之。老者喰草根、而死于道垂。幼者含乳、以母子共死。又強盗窃盗、並大起之、不可止。
是歳、三月より七月に至るまでに、霖雨ふる。天下、大きに飢う。老は草の根を喰ひて、道の垂に死ぬ。幼は乳を含みて、母子共に死ぬ。又強盗窃盗に大きに起りて、止むべからず

水害の条と書いてみたが、氾濫した水に家が流され、人が死ぬといったものではなく、長雨

による日照不足で穀物が実らなかったり、天候異変で作物が育たなかったことによる世の中の混乱が記されている。

洪水による害であろうと思われる条は、孝徳天皇三年に見られる。

孝徳天皇（六四五〜六五四年）

白雉三年夏四月丁未、〇〇自於此日、初連雨水。至于九日、損壊宅屋、傷害田苗。人及牛馬、溺死者衆。

丁未《ひのえのひつじのひ》（二十日）に〇〇此《こ》の日《ひ》より初《はじ》めて、連《しきり》に雨水《あめ》ふる。九日《ここのか》に至《いた》りて、宅屋《やかず》を損壊《やぶ》り、田苗《たのなえ》を傷害《そこな》ふ。人及《ひとおよ》び牛馬《うしうま》の溺《おぼ》れ死《し》ぬる者衆《ものおお》し。

「損壊宅屋、傷害田苗、人及牛馬、溺死者衆」。暴れ回る水が家屋を壊し、植えたばかりの水田を傷し、多くの人や牛馬を死なせたのであるから、これこそが、現在の我々が思いうかべる水害のようすに近い。

孝徳天皇三年の条であるから六四七年のことになる。いわば、この年のこの水害が日本列島の稲作水害の始まりともいえる。

里《り》が忘れられ里《さと》に

引用した記事は、欽明天皇二十八（五六七）年から孝徳天皇三（六四七）年まで八十年間の記述であり、『日本書紀』の水害の記事の全てでもある。

この五の条を読みくらべてみると、水についての記事の始まりともいえる「欽明天皇廿八年の条」は、天皇の徳の高さを述べるために水が利用されたもので、実際のものであるかどうかは疑問は残るが、人々の不幸や不運な情況として水の害に目が向けられたことの始まりであることは確かなことである。

とすれば、推古天皇の「九年、卅一年、卅四年の各条」も、その延長上の視点から記述されているものである。この場合でも水は暴れていない。孝徳天皇三年になって水が暴れ洪水となって家や田や多くの人や牛馬が害を被ったのである。

さきに、古墳とそこから見下ろす水田のことを述べた、この五の条は、その古墳が作られなくなった頃から後の水田の場所を示すものであるとも言えるのである。

何度もくり返すが、水平にする土地があり、日当たりがよく、水を得られる場所を水田となして稲を作ってきた。古墳は、そのうち水の便の悪い所にある。水の便の悪いところすなわち、水から遠いところであるから千五百年もの間ほとんど原型のまま壊れずに残ったのである。

その稲作は日本列島では二千五百年前から始まった。七世紀半ばが水害の始まりだとすると、稲作の始まりから千二百年余、それから水害が繰り返されて千二百年余。稲作の歴史の中で、前半は水害がなく、後半は水害の繰り返しということになる。

ここ千二百年間で日本列島の気候が変わってしまったとは考えられないから、二千五百年以前からも同じように、梅雨があり、秋雨があり、台風も襲来した。必ず雨が降り、量の多少はあるにせよ、毎年繰り返されてきた。

むしろ、その気候こそが日本列島で稲作が始まり、稲作が続けられてきたゆえんでもある。大量の雨は大量の水となって、低いところに流れ下る。その流れ下り様が激しい時に氾濫し、洪水となる。この洪水が家屋を壊し、水田を潰し、牛馬を押し流すことになるのである。

水害とは水によって人命や財産が損なわれたり失われたりすることを言うことは当然の理であり、常識である。その常識に従えば人命も財産も保全されておれば、大雨だろうと洪水だろうと、水害とは言わないということであり、歴史書に記述されることもない。

洪水は大小にかかわらず毎年繰り返されていながら、それによって人命も財産も損なわれたり失うこともないということは、洪水の場所に人も人の住む家も水田もないということになる。大雨で水量が増し、水の流れは激しくなるが、水田を損なうこともなければ、家屋を壊すこともない。山裾の緩い傾斜地がその場所である。

緩い傾斜地を流れ下った大雨の大量の水は、それがさらに集まり大奔流となり、暴れ回るであろうが、それは雨が降る度に繰り返されることである。雨の多い日本列島では年中行事でもあるが、その場所には家屋もなければ水田もない、ましてや、人など住んでいるはずがない。七世紀半ばの孝徳天皇の条は、水害の記事の始まりであるとさきに書いたが、この頃に洪水のある場所に人が住み始めたことを現しているのではないのだろうか。

その場所は、雨が降れば水が暴れる所と分かっていながら、その場所に水田を作り家を作り、そこに住む。あるいは、そうせざるを得ない事情が生じたのである。

大雨や暴風雨で大量の水が流れる場所には、水田など作らなかったのである。それが、雨が降れば氾濫地となる場所を水田となし稲を作り始めたのである。この場所の移動こそが、水害の始まりなのである。

山裾のわき水や流れ水。その水は雨で多少の増減はあるが、水田や家屋を押し流す程に増水することはない。氾濫地では増水が大きければ、水田を壊し、家屋も流してしまう。

水平にする土地があり、日当たりがよく、水があるところを水田とした稲作りから、水を作り出して水田とする稲作りへと変わったと言える。

水を作り出すことは水を制御すること。自然流水を利用することから、雨の時には暴れるに違いない水を管理することへの変化である。その管理能力を超えた雨であれば、氾濫し、洪水となって水田や家屋を押し流す。人命や財産を失うことになるのである。これが水害である。

「桃源郷」で見た径と阡陌《せんぱく》の畦の違いで言えば、山裾の水田、つまり径の畦から、直行し直交する畦で、方形の水田への移行の始まりとも言える。

管理された土地は方形であるべきであるという、あの思想、あの文明観の始まりである。直行し直交する畦を持つ水田は山裾の土地では限りがあり、それが可能な空間は、より広く水平を確保できる場所でなければならないのである。

大ざっぱに言えば、水田は方形でなければならないということになったのである。あるいは、そんな文明観とは関わりなく、人々の生業にとって米の必要性が増してくるにつれて、より多く作るために、より多くの水田が必要になったのである。そのためには、雨が降れば沼となり、大雨や長雨があれば氾濫する場所さえ水田としなければならない。

水田が氾濫地へと移動したのである。水害の場所へと人と財産が移り、大雨でその害を被ることになる。水害の始まりである。

山裾と海、海辺の登場

自然に流れる出る水を利用し、水平の土地にその水を溜め、苗を植え、日当たりの中で稲作りをする水田から、川の流れを管理し、その水を利用する水田となった。

水を管理する方法がどのように推移したかを『日本書紀』と『続日本紀』の記事を読み比べてみればよく分かる。

崇神天皇　六十二年
○冬十月、造依網池
○十一月、作苅坂池・反折池

垂仁天皇　卅五年
秋九月、作高石池・茅諦池
○冬十月、作倭狭城池及亦見池

景行天皇
五十七年秋九月、造坂手池。

神功皇后
○夏四月、……撈定神田而佃之。時引儺河水、欲潤神田、而掘溝。……故時人號其溝日裂田溝也。

応神天皇
七年秋九月、高麗人・百済人・任那人・白羅人、並来朝。時命武内宿禰、領諸韓人等作池。

因以、名池號韓人池。
十一年冬十月、作剣池・軽池・鹿垣池

仁徳天皇
十一年冬十月、掘宮北之郊原、引南水以入西海。因以號其水日堀江。又将防北河之労、以築茨田堤。
十二年冬十月、掘大溝於山背栗隈縣以潤田。是以、其百姓毎年豊之。
○　冬十月、造和邇池。
○　是月、築横野堤。

履中天皇
二年十一月、作磐余池。
三年冬十一月丙寅朔辛未、天皇乏両枝船千磐余市磯池。

欽明天皇
廿八年、郡国大水飢。或人相食。轉傍郡穀相救。

推古天皇
九年夏五月、天皇居于耳梨行宮。是時大雨。河水漂蕩満于宮庭。

十五年、○是歳冬、於倭国、作高市池・藤原池・肩岡池・菅原池。山背国、掘大溝於栗隈。且河内国、作戸苅池・依網池。亦毎国置屯倉。

廿一年冬十一月、作夜上池・畝傍池・和邇池。

卅一年……自春至秋、霖雨大水。五穀不登焉。

卅四年、○是歳自三月至七月、霖雨。天下大飢之。老者喰草根、而死于道垂。幼者含乳、以母子共死。又強盗窃盗、並大起之、不可止。

孝徳天皇
白雉三年夏四月丁未、○○自於此日、初連雨水。至于九日、損壊宅屋、傷害田苗。人及牛馬、溺死者衆。

『日本書紀』の記事から水田のための水の確保に関係あると思われる記述を書き抜いてみた。池を作り、溝を掘り、水田の水を得たであろうことが見えてくる。

山から流れ出る水を池に溜め、晴天続きでも水が不足することなく水田を潤すための池、つまりは調整池であり、その池から必要に応じて水を取る。自然流下では及ばぬ場所の水田には溝を掘り水を通す。

山裾に続く水田に水を安定して得る。その方法として池を作り、溝を掘る。その排水が滞留することのないように堤を築いた（茨田堤、仁徳天皇十年・三二二年）。これらの工事のおかげで五穀成熟、人民富堯、天下太平（反正天皇元年・四〇六年）。この年、よく稔り、百姓は富み栄えた（顕宗天皇二年・四八六年）。この年五穀はよくでき、蚕や麦のできも良く、都の遠近も平穏（仁賢天皇八年・四九五年）。天下泰平、内外に憂いなく、土地肥えて五穀実り豊か（継体天皇二十四年・五三〇年）。出雲国から「神戸郡に大きな瓜がなり、缶ほどの大きさがあります」といって来た。この年は五穀が皆よく実った（推古天皇二十五年・六一七年）。

五穀がよく実った風景が思いうかべられる記事をいくつかひろってみた。これらの記事は水害の記事以前のことである。水害のない風景の中で、五穀はよく実り、人々はそれを得て生業をなしていたのである。

『日本書紀』の成立と期を合わせるように水害が始まったのである。その成立期の頃に、こんな記事がある。

以収数田、均給於民。勿生彼我。凡給田者、其百姓家、近接於田、必先於近。如此奉宣。

凡調賦者、可収男身之調。凡仕丁者、毎五十戸一人。宣観国々境堺、或書或図、持夾奉示。

国県之名、来時将定。国々可築堤地、可穿溝所、可墾田間、均給使造。當聞解此所宣。

収め数ふる田を以っては、均しく民に給へ。彼と我と生すこと勿れ。凡そ田給はむことは、其の百姓の家、近く田に接けたらむときは、必ず近きを先とせよ。此の如くに宣たまはむことを奉れ。凡そ調賦は、男の身の調を収むべし。凡そ仕丁は、五十戸毎に一人。国々の境界を観て、或いは書にしるし、或いは図をかきて、持ち来りて示し奉れ。国県の名は、来む時に将に定めむ。国々の堤築くべき地、溝穿るべき所、田墾るべき間は、均しく給ひて造らしめよ。当に此の宣たまふ所を聞り解るべし。

有名な孝徳天皇二年の大化の改新の詔である。大文明の中国に倣い、国家建設が始まろうとしている。

天子の治める空間は方形でなければならないという思想もこの時に始まったのかもしれない。百姓に給わる田も方形でなければならなくなった。給田は阡陌の畦のある水田のこととなった。例に引いた「可築堤地、可穿溝所」、は旧来の径の水田を阡陌の水田に改修する工事かもしれないし、「可墾田間」は、新しい水田、阡陌水田の開墾をいっている。条里制水田の出現である。

稲作の歴史二千五百年の半ばにして大変革が起こったのである。

水平の地面は方形でなければならない。

その水田に引く水は、川の水を引かなければならないほどに山裾から離れてしまった。

条里制の水田は、山裾のわずかな水平地を水田にすることと較べると、広大な水平地を要し、それ故に、順繰りに流れる水も多くなる。とても、山からのわき水では間に合わない。

山裾の径で囲まれた水田であれば、家族あるいは一族など小規模の人数でも稲作は続けられ、その集団をまかなうだけの米は穫れる。条里制の阡陌に囲まれた水田は大規模となる。まさに国家プロジェクトである。そのことを示す記事が、斉明天皇の条にある。


時好興事。迺使水工穿渠。自香山西、至石上山。以舟二百艘、載石上山石・順流控引、於宮東山、累石為垣。時人謗曰、狂心渠。損費功夫、三萬余矣。費損造垣功夫、七萬余矣。宮材爛矣、山椒埋矣。

時に興事を好む。迺ち水工をして渠穿らしむ。香山の西より、石上山に至る。舟二百艘を以て、石上山の石を載みて、流の順に控引き、宮の東の山に石を累ねて垣とす。時の人誇りて曰はく、「狂心の渠。功夫を損し費すこと三萬余。垣造る功夫を費し損すこと七萬余。宮材爛れ、山椒埋れたり」という。

天皇所治政事、有三失矣。大起倉庫、積聚民財、一也。長穿渠水、損費公老粮、二也。於舟載石、運積為丘、三也。

天皇の治らす政事、三つの失有り。大きに倉庫を起てて、民財を積み聚むることひとつ。長く渠水を穿りて、公粮を損し費すこと、二つ。舟に石を載みて、運び積みて丘にすること三つ。

よほど土木工事の好きな天皇であったのだろう、しかも、かつてない規模で工事をすすめられ、そのいずれもがうまくいかなかったから、失政をとがめられ謗られることになった。技術者の損失、三万余、七万余は大げさにしろ、従来の土木工事よりも格段に大きな工事がこの頃から始まったことがよく分かる。

さきに見たように、池を造り、溝を掘って水田の水を確保してきたのだが、その規模の池は近隣の水田をまかなう大きさがあれば足りるし、溝も長くなることはなかったであろう。

それは、例に引いた斉明天皇の記事の文字使いを見ても分かる。「池を造り、溝を掘る」から「渠を穿る」という表現になる。その大げさ振りがよく分かる。モッコとショベルの工事現場にいきなり大型ブルドーザーザが現れたようなもので、その時の土木技術者や作業員の驚き振りを思いうかべればいい。

そのことは土木工事の性格と規模がこの頃に大きく変わったことを現しているのではなかろうか。

水田たるもの、いや、天子の支配する空間は方形たるべきこと。その空間は阡陌により区分さるべきものである。水田は条里制の空間に、王城は東西と南北の大路で区分された空間に、ということになった。

平城京や平安京のつくりを見れば、碁盤の目にたとえられる東西と南北の大路の空間には建物が並び、条里制の空間には水田が並ぶ。東西と南北の直行し直交する大路と畦道はともに阡陌といい、空間のつくりは同じものである。

平城京、平安京に限らず長岡京でも藤原京、太宰府でさえ一様に言えることは山裾に広がる空間であるということである。川でいえば、山狭の谷を流れ下った水が山裾に出て、急に流れが緩やかになる所、扇状地といわれる場所である。

平地に流れ出た水は、少ない時には流れたり留まったりして川下へと進み河口まで達するのであるが、大雨となれば、川筋はいく枝にも別れ、あるいは氾濫し様相を一変する

王城と条里制水田はそんな場所にある。しかも、水平でなければならないのである。天子の空間は。その上、その空間は阡陌で区分されたものでなければならない。山に囲まれ、あるいは山を背にして平地が広がるところに王城と水田があることになる。いわゆる佳地とされる場所である。

山の南側に広がる平地のほうが北側よりも人も植物も成育しやすい。稲作も同じように南側の水田のほうが作りやすい。山裾の傾斜地を水平にし、必要なだけの水を確保し、不要な水は川下へ流す、それを可能にするのは土木技術である。

その土木技術の力量に見合った位置が王城と水田の場所である。それより下流の洪水を防ぐだけの技術はまだない。

以来、稲作水田の場所と人々が生業をなす場所は、技術力の発達とともに川を下ることになるのである。別の言い方をすれば、人々の住む場所が山から遠くなる歴史でもあるのである。大雨があれば川が氾濫する場所に人々が住み始めたのである。大雨が管理する能力を超えれば、人命を奪うことになり、財産を押し流すことになる。

水害が始まったのである。

水路の道標は先見のきざし

『日本書紀』ではほとんど見られなかった水害の記事が『続日本紀』では頻発する。

元明天皇（霊亀元年五月）七一五年

地震があり、山が崩れて川がふさがれ、水が流れず、数日後に決潰して、三郡の民家百七十余区画が水没し、あわせて、水田の苗も損害をうけた。

地震で川がふさがれたことは日本列島各地で何度もくり返されたことであろうが、それが決潰して、水害を被ることになった記事はこれが初出である。決潰して洪水となる所に人が住み、水田や家、つまり財産があるからである。

聖武天皇（神亀三年九月）七二六年
尾張国の民あわせて二千二百四十二戸の収穫が損なわれ飢饉となった。遠江国の五郡が水害を被った。

被害の地域も広がり、戸数も多くなった。被害を受ける場所に、それだけ多くの人々が住むようになったのである。

孝徳天皇（天宝勝宝五年九月）七五三年
摂津国御津村で南風が吹き、海水がにわかに陸地にあふれて、民家百十余カ所が損壊し、人民五百六十余人が水没した。そこで、それぞれに物を与えて海浜の住民を召して、京中の空地に遷し住まわせた。

水田は海に達し、風で海水が浸す程の低地にまで稲つくりが広がったのである。京中の空地で稲作りをさせたのであろうか。

淳仁天皇（天平宝字六年）七六二年
四月八日　河内国狭山池の堤が決潰し、のべ八万三千人を動員して修造した。
六月二十一日　河内国の長瀬川の堤が決潰した。のべ二万二百余人を動員して修造させた。

堤が決潰したことが初めて見える記事である。もちろん、水田に水を引くための堤であり、その堤の規模も大きくなり、修造するために動員する人数も大規模になった。八万とか二万とかが誇大な数字でないとすると、その動員力を持つ人の力がそれだけ大きいものであることを現している。

称徳天皇（神護景雲三年）七六九年
八月九日　尾張国の海部・中嶋の二郡に大水の被害があった。そこで被害の大きい者たちに籾米を一斗宛賜わった。
九月八日　尾張国から次のように言ってきた。「美濃国との堺を流れる鵜沼川（今の木曾川）で洪水があり、大水が道を埋め日ごとに葉栗・中嶋・海部の三郡の民の田宅を侵し、損害を出しています。国府と国分二寺は共にその下流にあり、もしこのまま歳月を経れば、必ず水害によって壊れ流れるでしょう。そこで解工使（土木技術者）を派遣して、旧道を復旧させることを申請します」

現在でも暴れ川である木曾川の氾濫である。雨の量が特に多かったわけでもないだろうが、雨で川が氾濫するような所に、田や家があり、さらに下流に国府や国分二寺までが位置するようになった。

特に注目すべきことは解工使（土木工事技術者であろう）の派遣要請である。土木工事技術者は中央政府が管理しており、雨が降れば水害を被るような場所の水田や宅地造成は国家プロジェクトとして行われていたことをうかがわせる。

光仁天皇（宝亀三年）七七二年

八月、この月は一日から雨が降り続き、大雨も加わった。河内国の茨田堤が六カ所、渋川堤が十一カ所、志紀郡の堤防五カ所がいずれも決潰した。

十月十日　太宰府が次のように言ってきた。去年の五月二十三日に、豊後国速見郡朝見郷で山崩れがあり、谷川が埋もれたため、水が流れず十余日を経て突然に谷土砂が決潰し、民四十七人が水没し、家四十三軒が埋没しました。天皇は、被害にあった民の調庸を免除し、物を恵み与えた。

同（同六年）七七五年

二月二十二日　使者を伊勢に遣わして、渡会郡の堰と溝を修繕させ、また多気・渡会二郡の農耕によい地を視察させた。

同（同十年）七七九年

十一月十五日　駿河国が次のように言ってきた。去る七月十四日に大雨が降って、水が溢れて二郡の堤防を決壊し、民の家屋を壊しました。また口分田も流され埋りました。その数ははなはだ多く、この復旧に人夫六万三千二百余人を使役すべきでしょう。

そこで、食糧を給い、これを修築させた。

『日本書紀』「続日本紀」の記事の中から水害と稲作に関わりのあるものを拾ったものである。仁徳天皇十（三三二）年から光仁天皇宝亀十（七七九）年までの四百五十年間の稲作水田の変容がうかがえる記述である。

この間水害の記事の始まりである欽明天皇二十八（五六七）年はその中間点にあることにな

る。その中間点の前半と後半では記事に大きな違いがあることを見てきた。

もちろん、『日本書紀』『続日本紀』の記事の数からすれば、これら稲作水田に関わる条の数は比較にさえならない程に少ないものである。このことは人のことしか書かない歴史書では当然のことであるのだが、他の条の多くの記事からは水田の場所はうかがい知れないのである。

山野に自生する多年草

日本列島が今ある地形になったのは何万年前、何千年前からかは知らなくても、二千五百年前から稲作が始まったことは確かなことである。

その二千五百年間、日本列島の気候は大きくは変化しなかった、むしろその気候が続いたからこそ稲作が続けられたとも言える。梅雨時期の雨、夏の日照り、秋の台風、冬の雪その雨や雪、日照りによってこそ黄金色の秋の実りは約束されるのである。

水平になる土地があり、水があり、日当たりの好いところを水田として稲作を続けてきたことは繰り返し述べてきた。日当たりはお天気まかせとしても、水平にする方法と水の使い方に大きな変化があったのがこの四百五十年間なのである。

水平面は径の畦で区分するのではなく阡陌の畦で区分すべきである。であれば、その空間は水平面がより広く確保できる場所に位置しなければならない。

その場所は大雨が降れば、氾濫し、洪水となる場所であるが、適量の水であれば、豊かな水が豊かな実りをもたらすのである。その水を管理しなければならなくなったのである。

水害の始まりは、水田が川の側になり、そこで稲を作る人が川の側で生業をなすようになったからである。

水平にする方法と、水を得る方法の変化は土木技術の変化なのである。水平で、しかも方形であることが文明的な空間であることが大前提であるから、土木技術もその形状を作るための技術となる。

それ以前の技術は古墳を作ることであったのだが、この時代以降は、水平でしかも方形の空間を作る技術となるのである。その空間に水を巡らせて稲を作るのである。

千五百年前の古墳建設の技術は、建設当時の姿をそのまま現在に伝える程に高度な技術である。千五百年間も形を変えることなく伝わったのは、前にも述べたように古墳は水の不便なところに作られたから、水による被害にあわずに残ったのである。

流水は石をも穿つと言うように、長い年月の間には元の形が変わってしまうものである。これは古墳ばかりでなく家も田も同じことである。流れる水がなければ形は崩れない。

水平でその上水を流さなくてはならない水田は、高い技術が必要となる。

旅の途中、もてなしもそこそこに

ここで、水平な地面を確保することについて考えてみる。

身近にある空間で、それが目の前で確かめられるものに学校がある。

運動場があり、校舎が何棟か並んでおり、体育館や講堂もある。それらの建物群や運動場がひとつの平面の上にあるかどうかを確かめてみるのである。この場合、新しく設置した学校のほうが同一平面上にあることが少ない。したがって、中学校は殆どないと言っていい。中学校の制度ができたのが戦後のことだから、その殆どが建物が建ち並んだ集落から少し離れた場所に設置されている。

山裾がその場所となる。山裾の傾斜地では水平面を広く確保することは困難なことである。

このことは、小学校でも高等学校でも同様で、人口が増えて新設される学校は同じ状態である。運動場から校舎へ、体育館から教室へ移動するには必ず階段を上り下りしなければならないのである。同じ平面にないからである。

古い小学校でも高等学校でも大きな違いはない、比較的人口が多い都市に設置されることが多かったが、人口密集地にはその敷地を確保できずに少し離れた所が学校の設置場所となった。

敷地内のどの建物に行くにも階段を上下しなくてもいい学校は非常に少ない。あるとすれば、学校敷地ばかりでなく周辺の土地も含めて段差のない平面が広がるところである。そんな場所は長い年月の間に川が運んできた砂が堆積したり、氾濫でできた土地である。その土地に人々が多く住むようになって、集落となった河口に近い場所である。

山間の小さな分校、島の小さな分校（本校でもかまわないのだが）広くはない運動場と、段差があって校舎が一棟、多くはない子供たちが走り回っている。

段差のある学校敷地では使い勝手が悪いというならば同一平面にすればいいことであるから、今日の技術であればできないことではない。広い敷地の高等学校であれ、広くはない山間の分校であれ同じことである。

平面の空間を創り出そうとすれば、平面と平面の間に大きな段差も作ることになる。これを法面《のりめん》といい、さらに使い勝手の悪いものを作ってしまう。この法面は学校の敷地ばかりでなく、道路でも鉄道でも宅地でも、平面を創り出そうとすれば必ず出現するものである。

土地は水平たるべきこと、水平に使うことが一方では使えない土地を創り出すのである。より広い水平面を創ることはより大きな使えない土地を創ることでもある。傾斜地であれば使えない土地はより多くなる。

山裾に開かれた住宅団地が近頃見られる風景である。一戸建ての分の宅地が段差を持ちながら連なり丘陵を登っている。一戸分の広がりと広がりの間には段差があり、その段差は傾斜が急であればあるほど大きくなり、同じ傾斜なら一戸分の広さが広いほど段差は大きくなる。

いわば、この段差こそが日本の風景の特徴である。土地を水平に使うが故である。その代表が水田で言えば棚田である。耕して天に至る。という言い方がある。水平面が段差を持ちながら、何枚も続いて丘陵を登っていく様を言ったのだろうが、それを丘の麓から見た時に段々と天に登っていくように見えるからであろう。水平面が登っていく様でなかったならば。天に至る、などという大げさな言い方にはならなかったであろうに。

かくのごとくに土地を水平に使うことは特別の風景を創り出すことになるのである。建物にしろ、水田にしろ土地は水平であることから始まるからである。稲を作らなければ水平でなくてもいいし、段差のある風景はないはずである。

学校敷地でいえば、校舎も体育館も運動場も同一平面上にあることは非常に珍しいと言うことになる。言い換えれば、敷地内に段差がない学校ということになる。大きな急斜面を持つ広い敷地は現在の土木技術では不可能なことではないであろうが、その急斜面をどうするかが大きな問題として残ることになる。

急斜面も近頃では石垣になったりコンクリートになったりで急斜面というより垂直に近くなり壁のようになってしまった。その分だけ使い勝手の悪いところが少なくなって水平面が広くなっているのだが、風景は窮屈になっている。

傾斜地を水平に使うが故に起こる現象であり、傾斜地をそのまま使えば風景が窮屈になることもない。

節会の絵巻も旅日記には

平面を確保するということはこれ程に困難なことである。まして、水田はその平面に水を張らなくてはならないのであるから水平は精密なものでなければならない。

さらに条里制の水田となれば阡陌の畦を持ち水を順繰りに巡らせなければならないのである。土木技術はさらに精密でなければならなくなる。

条里制の広がりはどれ程のものか、気になるところである。里がおよそ百メートル四方、条はそれが連なったものであるから、その何倍かになる。仮に三つの里を最低の連なりとしても、およそ十万平方メートルということになる。先ほどの学校敷地でいえば高等学校二校分ほどの広さになる。小さな小学校、島の分校、山の分校であれば十校分ほどになるかもしれない。

最低でも三百メートル四方の平面を確保できるところ、すなわち高等学校二校分の広さは長い年月の間に川が運んできた土地にしかない。その場所は、大雨が降れば氾濫するところである。

天子の支配する空間はそんなところにしか確保できないのである。水田はその空間の中で順繰りに水を巡らせなければならないし、その面の区切りの畦は直線で、その上直交しなければならない。

径の畦の水田から、直線直交の畦の水田を三百メートル四方の空間の中で連なるものとしなければならなくなったのである。

その中を順繰りに水を巡らせることは易しいことではない。水を管理することが水田を保持し稲を作り続けるための大事な仕事となるのである。

水田は川の氾濫地にある。水を管理することは川を管理することとなった。つまり、多少の雨でも水田や水路が壊れることのないようにすることである。

川が氾濫する場所にあってその川の氾濫を防止する。その管理能力を超える雨があれば必ず水害となる。稲を作るための水田つくりの技術が大きく変わらざるを得なくなった。その技術の進展と共に、より広い空間が確保できる場所である川の下流へと水田が下っていくことになる。

いくつかの流れを集めて大きな流れとなり、暴れ回る水の量も回数も多くなる場所。水平面を、より広く確保できる場所は水の管理をより大規模に行わなければならない場所であり、その能力と技術力と共にあることになる。

白砂青松の風はさわやか

その時代の都、平安京が開かれた場所と川の流れとの関係を見れば分かりやすい。平安京は典型的な阡陌空間である。その主要部分の六キロ四方は平面である。さきに条里制水田の場所をさがした時は三百メートル四方であったが、京の都はその四百倍の広がりである。しかも、東、北、西、の三方の山から流れ出た川が、合流して大きな流れになる場所にあるから土地の凹凸は多かったはずであるのに、御所周辺は平面の広がりで段差を見ることはない。天子の支配する空間は、平面で方形でなければならないことの典型である。

川の流れとの位置関係から見れば、賀茂川と高野川が合流するところに下鴨神社がありその合流点から下流域に京の都の平面が広がっている。

土木技術、この場合、川の流れを管理しその周辺に広い平面を創り出す技術のことであるが、平安京を建設した技術と条里制水田を創り出す技術が対応し、川との関係でいえば同じような位置にある。土木技術の水準がそのレベルであったと言える。

広い平面を得るには川を下り氾濫地を開墾しなければならない、いいかえれば当時の技術はようやく上流域から中流域へ下り始めたのである。このことは後に建設される都市、江戸と較べてみるとその違いがよく分かる。

江戸城は、川でいえば下流域というより海辺に建設された。下流域の大量の水を管理できる技術水準にあったと言える。その上、土地は方形で平面でなければならないという思いからはほど遠い土地つくりでできている。江戸城を中心にして三百年間に次第に広がった都市である。道路は阡陌にこだわることなく八方に広がっている。一方ではお城を囲むように発達している。これを通りと言い一方を筋という。この形はむしろヨーロッパの都市に似ている。

王城や凱旋門を中心にして広がったヨーロッパの都市は必ずしも平面ではなく、行き交う道路は直線でもなく直交する交差でもない。

あるいは、人々が住む集落の中心は王城や凱旋門や教会であるべきとして、長い年月をかけてできあがった都市であるかも知れないが、これは平城京や平安京、さらには中国の北京などの都市建設思想とは大きく異なるものである。

東京（江戸）の都市建設思想は平城京や平安京とは異なり、むしろヨーロッパの都市に似ている。平面にこだわることがないから上野や愛宕の高台がそのまま残されているし、道路も阡陌ではない。

その上大きく異なるのは、京都は川の上流域、東京は下流域であるから京都の市内からは必ず山が見えるが、東京からは山が遠い。京都のお寺の五重塔はどれも背景に山があり、上野寛永寺の五重塔は山を背負うことなく独居している。

渋谷から新宿の高層ビル群を写すテレビ画面は、川の下流域に広がる都市の風景の典型である。これは山を背に立つ五重塔の京都から千二百年の時間の差のある風景なのである。

山裾の集落から河口の平野の集落へ、京都から東京へと風景が変わったように、人々の集落も川上から川下へ変わっていった。

その集落の移り行きは、律令制の始まりと共に米作つくりが日本列島の基幹産業となって、米つくりの場所と人々の集落が土木技術の発達につれて川を下るのである。

京都から新宿新都心までが千二百年。山裾から河口までも千二百年。日本列島の米つくりは千二百年かけて川を下っていったのである。

雲は山の端にかかる

人々の集落、生業の場所が川を下っていったのに、川を溯っていくものがある。校歌である。自慢の山があり、清き流れのほとりに学舎がある。その学舎に元気な子供たちが学び、その子たちの未来と、その地域の未来は希望に満ちている。

多少の例外を除き校歌の組み立てはこうなっている。その山が必ず現実の山より高く、その川が目の前の川より美しいのである。山は仰ぎ見るし、川はせせらぎ流れているのである。

この仕組みは小学校、中学校、高等学校でも同じ傾向にある。聳えるほどに高く見える山であればもっと山の近くになければならないはず。川の流ははせせらぎであればもっと上流域のはず。下流域にあり、流れもゆったりとして山も遠い学校でありながら、山裾の学校敷地が充分な平面を確保できないような場所にあるように歌われている。

中国の文章を書く人たちの作法は先に見た。日本列島の文章を書く人たちは、中国の作法の上に現実の場所よりも山に近かったり、山裾にあるように書く作法でもあるのだろうか。

『萬葉集』も山裾の歌ばかりである。山裾の他には海辺の歌しかない。『萬葉集』の歌も山裾にいないで山裾の歌を詠んだのであろうか。海辺にはいなくて海辺の歌を詠んだのであろうか。

山裾から人々の集落が川を下っていったことを見てきたばかりである。平安京がその時期に当たることも見てきたとおりである。それ以前であれば川のない都、平城京ということになる。平城京は平安京と同じく山裾に建設された都市であり、現在でも奈良の地には大きな川はない。万葉の歌人は山裾を行き交い詩を詠んだのである。

この時期、都ばかりでなく、主産業となった稲作の水田が、山裾の径の畦から、川の氾濫地の阡陌水田へ移りつつある時である。

まず、作者の位置と詠まれた風景がはっきりしている和歌をあげてみる（『萬葉集』日本古典文學大系、岩波書店）。

茜草指　武良前野逝　標野行　野守者不見哉　君之袖布流　（巻第一、二〇）

あかねさす紫野行き標野行き野守は見ずや君が袖振る

紫野や標野を行き来するのは、おそらく詠まれた君のほうだろうが、作者額田王も君が袖を振るのが見える位置にいる。

その紫野や標野はどんな場所にあるのだろうか。それは、山裾の径水田から川の氾濫地の水田へと、稲つくりの場所が移りつつある時であるのに水田とはならなかった山裾のはずである。紫草が採れるような野であれば土地はやせてはいないはずなのに、水田とならなかったのは水の便が悪いのであろう。

前詞にある蒲生野は、山から流れ出た川がまだ大きな流れとはならない位置にある、山に近い場所である。さらに、時が明記してあり、この和歌は時と場所がはっきりしている。

皇太子答御歌　明日香宮御宇天皇　謚曰二天武天皇一

紫草能　尓保敝類妹乎　尓苦久有者　人嬬故尓吾恋目八方

紀曰、天皇七年丁卯、夏五月五日、縦二獦於蒲生野一。于レ時大皇弟諸王内臣及群臣、悉皆従焉。

（巻第一、二一）

皇太子の答へましし御歌（明日香宮に天の下知らしめしし天皇、謚して天武天皇といふ）

紫草のにほへる妹を憎くあらば人妻ゆゑにわれ恋ひめやも

紀に曰はく、天皇七年丁卯、夏五月五日、蒲生野に縦猟したまふ。時に大皇弟《ひつぎのみこ》・諸王・内臣と群臣悉皆に従そといへり。

天武天皇の即位は六七三年であるから天皇七年は六七九年のことになる。『日本書紀』は天武天皇、持統天皇で記事は終わる。水害記事のない『日本書紀』から水害記事の多くなる『続日本紀』の時代へ移行する直前である。

蒲生野から流れ出た川の下流域には条里制水田が多く見られるのだが、額田王と皇太子が歌のやりとりをしたこの時（天武七年）にはまだその水田はなかったものと思われる。さらにもうひとつ、時と場所が明らかな歌をあげ、その位置を見ることにする。

軽皇子宿㆓于安騎野㆒時、柿本朝臣人麿作歌
八隅知之　吾大王　高照　日之皇子　神長柄　神佐備
世須等　太敷為　京乎置而　隠口乃　泊瀬山者　真木立　荒山道乎　石根　禁樹押靡　坂
鳥乃　朝越座而　玉限　夕去来者　三雪落　阿騎乃大野尓　旗須為寸　四能乎押靡　草枕
多日夜取世須　古昔念而　（巻第一、四五）

短歌
阿騎乃野尓　宿旅人　打靡　寐毛宿良目八方　古都念尓　（巻第一、四六）
真草苅　荒野者雖有　黄葉　過去君之　形見跡曾来師　（巻第一、四七）
東　野炎　立所見而　反見為者　月西渡　（巻第一、四八）
日雙斯　皇子命乃　馬副而御獦立師斯　時者来向　（巻第一、四九）

輕皇子の安騎の野に宿りましし時、柿本朝臣人麿の作る歌
やすみしし　わご大王　高照らす　日の皇子　神ながら　神さぜすと　太敷かす京を置きて　隠口の　泊瀬の山は　真木立つ　荒山道を　石が根　禁樹おしなべ坂鳥の　朝越えまして　玉かぎる　夕さりくれば　み雪降る　阿騎の大野に　旗薄　小竹をおしなべ　草枕　旅宿りせす　古思ひて

短歌
阿騎の野に宿る旅人打靡き眠も寝らめやも古思ふに
ま草苅る荒野にはあれど黄葉の過ぎにし君が形見とぞ来し
東の野に炎の立つ見えてかへり見すれば月傾きぬ
日並皇子の命の馬並めて御狩立たしし時は来向う

軽の皇子は後の文武天皇、六九七年の即位であるからこの歌が作られた時はそれ以前のこととなる。阿騎の野は奈良県宇陀郡大宇陀町に比定されている。しかもこれは狩りの歌であるからその場所に定住しているものではないが、阿騎の野が山裾に広がる狩り場であったということは分かる。先に見た額田王の歌の場所と同様に、日当たりはいい、水平にできる土地はありながら水の便の悪いところなのである。

「東の……」の歌をここに例示したのは五千以上の『萬葉集』の歌の中で最も少ない字数の歌でもあるからである。

五七五七七、三十一文字を柿本人麿は十四字で表している。

ふり返れば月が傾いているのだから、この月は十七日か十八日の月のはずである。東の炎は夜明け前の曙光であろう。それが山の稜線に見えるのではなく野に立つのだから阿騎の野は東にも西にも視線を遮る山がないことが分かる。

朝日が出る前の空の変化が美しいのは夏よりも冬である。この歌は冬の日の出前の東の空の変化を炎と詠んだのである。

漆黒の闇がうっすらと白み始めるのが日の出前四十分。山があればその稜線が、野であれば野の稜線が見え始める。ふり返れば、いや、仰ぎ見れば、月はまだ夜の明るさである。白みが次第に青く見え始める、空の色である。その空の色が黄色く赤く色づき始めるのが十五分前。月は白くなっていくが、まだその姿は確認できる。

炎の立つ見えてかえり見すれば、はこの瞬間を言うのだろう。やがて、東の空の黄や赤は色濃くなり、そのまま一面朱色になり太陽の縁が見え始める。月は白さもうすくなり空の色に融け入りそうになりながらも見えないことはない。

太陽の縁が見え始めてから丸ごと見えるようになるのは速い、出てしまったらもう昼の光景と変わらず物の影が朝日で長くなっている。ふり返っても月は見えない。それにしても寒い。それにひきかえ次の句は寒くはない。

菜の花や月は東に日は西に　（蕪村・續明烏）

この場合は月が東に太陽が西にあるのだから柿本の歌とは位置関係が逆になる。日が西に入ろうとする時に昇ろうとする月が東に見えるのだから満月か十四夜の月である。

「菜の花や……」の菜の花であるが、何本かの菜の花ではなく一面に広がっているのであり、その中に蕪村は立っている。

黄く昇り始めた月が次第に明るさを増していく中で、西では赤みを増しながら日が沈んでいく。のちに述べることになるが、見渡す限りの菜の花という風景は江戸時代になってからのものである。

冬の朝日は南よりに昇るから阿騎の野は南側も開けていなければならない。月も十七夜すぎからは少しづつ南に傾くから、西の南側も開けていなければならない。

月西渡は中天よりほんの少し西にある状態をいうのであろうが、西に山があればその山に向かうことになるのだから月向西山とでもなるはずである。

ともかくも阿騎の野は南東西に広がる山裾であり、北側に視界を遮る山があるのである。阿騎の野は、日当たりがよく、平らにする土地がありながら水田とはならなかった場所なのである。

山裾の朝霧の中の庭先

この柿本朝臣人麿の歌やさきに見た額田王の歌ばかりでなく『萬葉集』には時と場所が明記されているものが多いから、歌がその場所で作られ、作者がその場所に立ったことは確実なことであるが、住み着き生業の場所であったかどうかははっきりしない。

その場所を推察できるような歌はない。歌にはそんなことは詠まないことになっているからである。ない。と言えば言い過ぎであろうが、水田を詠んだ歌ならば何首かあるので、その水田の場所から人々の生業の場所を推察してみる（『萬葉集』萬葉仮名省略）。

大伴宿禰家持、紀女郎に贈る歌一首

うづら鳴く故りにし郷ゆ思へども何そも妹に逢ふ縁も無き　（巻第四、七七五）

紀女郎、家持に報へ贈る歌一首

言出しは誰が言なるか小山田の苗代水の中淀にして

（巻第四、七七六）

うづらの鳴くような古い都にいた時から思っていたのに、どうして妹に逢うきっかけがないのだろう。

言い出したのは誰の言葉でしょう（あなたなのに）山田の苗代水のように中途で停ってしまって。

直播きではなく、この頃は苗代で育てた苗を本田に植えていたのだろう。本田に植える苗を育てるにはひと月ほど前に籾を播かなくてはならない。大切な苗だから水が絶えない田で育てなければならないのだが、絶える心配のない水は山裾の水。春先の水はまだ冷たい。冷たい水のままであれば苗は育ちが悪い、したがって、たまり水にして日光で温めなければならないのである。

苗代田は山つきにあり、しかも、水はたまり水。このことは千二百年後の苗代田でも同じことであるが、今では機械で植えるようになってその苗代も見られなくなった。山裾に田があったとはいってもこれは苗代田のこと。本田はどんな場所にあったのだろうか。

筑波山に登る歌一首　短歌を併せたり
草枕　旅の憂へを　慰もる　事もあるかと　筑波嶺に　登りて見れば　尾花ちる　師付の
田居に　雁がねも　寒く来鳴きぬ　新治の　鳥羽の淡海も　秋風に　白波立ちぬ　筑波嶺
の　よけくを見れば　長きけに　思ひ積み来し　憂へは息みぬ　（巻第九、一七五七）

反歌
波嶺の裾廻の田井に秋田刈る妹がり遣らむ黄葉手折らな　（巻第九、一七五八）

旅のわびしさを慰めることもあるかと、筑波嶺に登って見晴らすと、すすきの花の散る師付（茨城県新治郡千代田村に比定）の田に、雁も寒々と来て鳴いて行った。新治の地の鳥羽の淡海も秋風に白波が立っている。筑波嶺のよい景色を見ると、長い間、心に荷って来たわびしさもすっかりいえた。

反歌
筑波嶺の裾のめぐりの田で秋の稲を刈っている妹の許にやる黄葉を手折ろう
裾廻の田、山裾にある田だから、実りも遅く、寒くなってまで稲刈りをしなければならないのだろうか。他の川沿いの田はすでに収穫は終わってしまっているのに。

山裾の田から川沿いの田へと水田が移動し、水害が始まった頃である。日当たりのよい川沿いの田は実りも早く、刈り取りも早く終わるが。山裾の田はいつまでも収穫が終わらない。灌漑がうまくない川沿いの田は、わずかな雨でも水害となりあてにならない水田であったのである。その点、山裾の田は雨で収穫をふいにすることのない頼りになる水田であったのである。萬葉集時代の水田はあてになる田とあてにならない田とが半ばする状態であったのである。

天平勝寶二年三月一日の暮に飛び翔ける鴫を見て作る歌一首

春まけて物悲しきにさ夜更けて羽振き鳴く鴫誰が田にか住む　（巻第十九、四一四一）

春になって物悲しい心地がするのに、夜更けてから羽をふるわして鳴く鴫の声がする。あれは誰の田に住んでいる鴫だろうか。

暮れてしまう前には見えていた飛ぶ鴫や田も、暮れてしまえば、作者大伴家持には鳴く声しか聞こえない。思う人はどこにいるのだろうか。

水田とそこに住む鴫が見え、鳴き声が聞こえる距離に作者はいる。さ夜更けて、その声を聞いているのだから野外ではないはずで、建物の中にいる。水田が山裾にあるにしろ川沿いにあるにしろ田から遠くない位置に夜を過ごす建物がある。

夜を過ごす建物とは住宅のこと、人々が生業を営む所である。『萬葉集』の歌人たちが山裾を逍遙しながら、あるいは山裾に田を作り、その場で生業を成しながら詠んだ歌を数首読んでみた。

次は海辺の歌である。海辺で詠まれた歌は藻塩焼く歌や海の幸の数々、船の旅の歌など、『萬葉集』の中には数多い。山裾では水田の場所を詠んだ歌を見たから、海辺でも水田を見てみよう。

水田に寄す

住吉の岸を田に墾り蒔きし稲のさて刈るまでに逢はぬ君かも　（巻第十、二二四四）

住吉（大阪市住吉区）の岸に新田を作って蒔いた稲が、やがて刈り取るようになるまで逢うことのないあなたですね。

この歌は、めったに逢えないことを詠んでいる。行き帰りするには便利の悪い遠いところに新田を作り、田植えをしてから次に行くのは稲刈りの時、「さて」がその様子をよく表しているし、君とも逢えぬものですね、と。

海辺の民も、藻塩を焼いたり、魚を捕るばかりでなく、水田で稲を作っていたのである。この歌の作者のように新たに墾らく水田は遠くの便利の悪いところにしかないのである。住んでいるところから近い場所はすでに水田になっている。

何度も繰り返すが、日当たりがよく、平らにする土地があり、水の便がよければ水田となし、稲を作ってきたのが日本列島の稲作の歴史である。新田開発の技術が山裾ばかりでなく、海辺の地でも水田とすることを可能にしそこで稲を作った。『萬葉集』の時代には米が生活の重要な役割を果たすようになりつつあったのである。

その米を作るために新田を開墾する。この新田は、班田収授法によって給された口分田ではなく、私的に開墾し私的に耕作している私有田であることを私たちは知っている。

律令国家の理想とした条里制水田は、その開始からまもなくいきずまり、開墾した田は私有田として米作りをしてもよいことになったのは歴史の教えるところである。もちろん、阡陌空間を理想とする水田も開墾されており、現在でもその跡をいくつか確認することができる。

山裾の曲がりくねった畦の田から、川のすぐ側の、大雨が降れば氾濫する場所に田を開かなければならなくなったのは空間は方形でなければならないという思いこみがある一方で、米が重要な役割を担うようになり、より多くの米を作らなければならなくなったからでもある。

『萬葉集』と同じ時代の記録である『続日本紀』に水害の記事が多くなることは、水田が水害のある場所に移ったためであることを見てきた。

ところが、『萬葉集』には水害の歌はない。水害のことなど詠まないことは、中国の詩にも詠まれていないことと同じ理由によるものである。水害の歌がないことは置くとして、いくつか見た田の歌は、水害を被るような新開田ではなく以前から作り続けている山裾の田を詠んでいる。

水田が山裾にだけにあった時には、人々もその田の側で生業を成していたのに、川の側の新開田が多くなると、人々もその側に移り住み山裾の田は遠くなった。遠くの田には行くことも希になり、めったに逢いませんねあなたにも、ということになる。田ばかりでなく、狩りの歌も山裾で歌われることになる。ことさらに山裾を歌うことが和歌を作ることの大前提になっているようにさえ思えるのである。一方では、より広い空間、しかもその空間は方形で水平であることを理想としながらも実現困難な空間であったことから、条里制の斑田がいきずまり、開墾勝手の私有田がその後の日本列島の米つくりの水田となるのである。

基幹産業となった米つくりの場が川沿いの水平地へ移り始めたその最中でありながら、『萬葉集』の歌に詠われる「田」は、より山に近く、人々が行き交う場所は山裾なのである。

この傾向は、さきに見た学校の校歌と同じである。流れる川はより清く、仰ぎ見る山はより高く、学校のある場所を実際よりも山に近く、さらには山裾へと詠うのである。もとより、山の多い日本列島は、ありていに言えば傾斜地ばかりではあるが。

その傾斜地が日当たりがよく、水の便がよければ、水平と成して水を張り水田とした。傾斜が急であれば水平面は狭く、畦も直線とはいかない。傾斜が緩ければ水平面は広く確保でき、工夫次第では直線の畦が直交する水田となることもある。
直交する畦、つまり阡陌空間にこだわらなければ、水平面が広く確保できる場所は、やはり川の氾濫地である。氾濫地であるゆえに、雨で水嵩が増せば必ず被害を受ける。その被害を少なく小さくする工夫が日本列島の米つくりの歴史となるのである。その工夫の技術を担った人たちがのちに武士といわれることとなる。

髪飾りにしようともまだのびない髪

『萬葉集』が山裾の歌と海辺の歌しかないことを確認してこの章を終わることにしよう。山裾、すなわち傾斜地であるのだが、次の大伴家持の歌は傾斜地の特徴をよく表している。

天平勝宝二年三月一日の暮に、春の苑の桃李の花を眺めて作る二首
春の苑紅にほふ桃の花下照る道に出で立つ少女
わが園の李の花か庭に降るはだれのいまだ残りたるかも

春の苑は紅に美しく輝いている。桃の花の色が赤く映える道に出て立つ少女の姿よ。

あれは、我が家の庭の李の花だろうか。それとも庭にはらはらと降った薄雪がまだ残っているのだろうか。

桃李の苑の位置を考えている。水田ではないのだから、この苑は水平でなくてもいいはずである。あるいは緩く傾斜していてもいい。

我が家の庭に散った李の花を見下ろしているのだろうか、見上げているのだろうか。花びらを残り雪かと詠む作者は家の中にいても戸外でもいいが見下ろしているのだろう。

ところが、少女の歌はそれでは歌の心が伝わらない。

この歌は多くの研究者から『萬葉集』の中でも情景をうまく表現した歌であるとされている。

この歌の作者と少女との位置関係を考えてみる。

少女は桃の花の下に立つ。作者は家の中にはいない。少女と同じく桃の花の下にいる。作者が少女を見る視線が水平であるか、見下ろすか、見上げているか。

北側にゆっくり上がっている傾斜地に我が家があり、我が家の北側に広がる桃の花を眺めている作者の前に、いきなり少女が姿を見せるのである。木漏れ日に輝く少女を作者は見上げることになる。作者は南側から北側に立つ少女を見上げている。少女の正面から陽光が差す。その方が、においたつような少女の輝きが一層鮮やかになる。

川の風景

長い髪を束ねてそれが髪飾り

日本列島の稲作は二千五百年前に始まったとされ、日本列島に住む人々はその米を食べる比重を増して次第に米を主食とする食生活を営んできた。水平にできる土地があり、水の便がよく、日当たりのよい場所を水田と成して稲つくりを続けてきたことは何度も繰り返してきたところである。

ところが、水平な土地も人が水平にしなければ水田となるような水平にはならないし、水も人が工夫しなければ稲を作るための水にはならない。

水平面と水平面とが創り出す段差は、稲作を続けてきたがゆえの風景を作ってきた。

水もまた、簡便な利用をしようとすれば川の水を使う方がいい。それ故に川の側に水田を墾くことになるのだが。川は水害の場所でもある。川の側に水田が近づいたことが水害の始まりとなったことはこれも何度も繰り返してきたところでもある。

傾斜地の水田は段差が高く一枚の田の面積も小さく、川の氾濫地の水田のほうが段差も小さく一枚の面積は大きくなる。それゆえに、より広い水田を得ようとすれば、水害は避けられないものとなり、日本列島は水害列島となったのである。

雨が降り、水の量が増え、川の流れが激しくなり、さらに降り続けば氾濫する。このことは自然現象であり、そのこと自体人々の生業に害をなすものではない。

その自然現象が水害となるのは、氾濫地に人々が住み、そこに命と財産があるからである。そういう場所で生きなければならないのは、そこに水田があるからである。

水害が始まって以来、日本列島の米つくりは、水害をいかに防ぐかが生き延びるための工夫と同じ意味を持つことになる。

川を上流、中流、下流と区分してみると、上流は山の傾斜地を流れ下る部分、下流は河口部分、中流はその中間となる。

あまりに大雑把すぎて何も説明していないのと同様であるが、上流は流れが早く細く、下流の河口部分はそれらの流れをいくつも集めて海に注ぐから、流れもゆったりと大きくなり、水量も多い。中流部分はいくつかの細い流れが合流する所。このようにその特徴をあげてみたら水害を防ぐ方法の違いが見えてくるかも知れない。

流れの早さからいえば、山の谷を流れ下る上流部分は流れが早く、所によっては滝となって流れ下る。河口部分は傾斜が緩く、というより殆どないから流れも緩やかになる。時には海の潮の干満によって逆流したりもする。

このように上流部分と下流部分は日本列島のおよそ三百本の河川の流れ様はどれも同じよな

ものであるが、中流部分はそれぞれの川によって流れ様が異なり、その流れ様がその川の特徴ともなっている。

川の流れの異なりは地形の異なりであり、地形の異なりは風景の異なりである。『萬葉集』に山裾の歌と海辺の歌しかないことは、これも先に述べてきた。言い換えれば川の上流域と下流の河口部分の海よりにしか人々は住んでいなかったのである。現在大半の水田があり稲作のほとんどが営まれている中流域には、当時は水田はなく人々も住んではいなかったのである。

山裾を離れ、川の側に近づいたときから水田と共に生きてきた人々は、水害を被りながら稲を作ってきたのであり、その水害を防ぐ工夫をしてきたのである。その工夫の場所が中流域なのである。

鳴き声を聞く春の楽しみ

吉野川逝く瀬の早みしましくも淀むことなくありこせぬかも　（巻第二、一一九）

明日香川しがらみ渡し塞《せ》かませば流るる水ものどにかあらまし　（巻第二、一九七）

（『萬葉集』日本古典文學大系、岩波書店）

共に川の上流域の流れの早さを詠んでいる。前者は、流れが早く、少しも淀むことなく、二人の仲もすらすらと進んでくれないものか。というほどの歌意で、流れの早さをむしろ喜んでいるようでもある。一方は、その流れの早さが気ぜわしく思われ、しがらみでその流れを塞ぎ、ゆっくりと流れるようにしたら、気分もゆったりするであろうに。

この二首ばかりでなく山裾の歌集『萬葉集』は川の流れの早いことを詠んだ歌が多いことに気づく。

当然のことながら、山裾は川の上流部分で流れは早い。その流れの早さに心を寄せて、一方は、その早さをたたえ、一方は、少しゆっくり流れてくれないものかと詠む。

多くある上流域の歌の中からこの二首を例に示したのは、瀬の早さに寄せる思いの対比のためばかりではない。

明日香川（飛鳥川）は淵瀬の定めないことで古来有名で、それに寄せて多くの歌が詠まれている川でもある。淵瀬が定めないということは川の水の量が変わるたびに流れが変わることで、そういう川を一般的には荒れ川というのである。

このことは制御の難しい川であるということでもある。言い換えれば川が荒れ川のままである頃に人々が川の側にいたことでもある。『萬葉集』の時代以降からは川を制御してその川の側に住み始めたのであるのだから。

明日香川は大和川となって海に注ぐ。その大和川は江戸時代、一七〇四（宝永元）年に付け替えの大工事が行われ、淀川と合流して海に注いでいた流れを、堺沖へと変えられた川でもある。

このおかげで、「河内」という字そのままに、河の沼地の内の国が、干拓され耕作地に変わったのである。河内国はその後穀倉地帯となり消費地大阪をひかえて豊かな国となるのである。このことについてはのちにふれることになる。

大和川は、『萬葉集』の時代の上流域から江戸時代の下流域まで、人々が川を下ってきたことがよく分かる川でもある。一方では、堺沖に流れるようになって砂が流れ込み織田信長の時代の堺港が港の機能を失うことになるのだが。

例に引いた『萬葉集』は上流域の特徴を表すものとして、瀬の早さ、つまり、流れの早さを読んだものである。

世の中はなにかつねなるあすかがはきのうのふちぞけふはせになる　読人しらず
（『古今和歌集』巻第十八、日本古典文學大系、岩波書店）

この歌は『萬葉集』の例示の二首より少し下流の流れ様を詠んだものである。

明日香川の歌で、淵瀬の定めない川で古来有名である、といったのはこの歌によるのである。

人々が、川の上流域から下っていったことは、水田も川を下っていったことも同様にいえるのだが、『萬葉集』は上流域、傾斜地、山裾での人々の行き交いを詠い、『古今和歌集』は、その下流域、氾濫地、淵瀬の定めない風景の様を詠んだものでもあるといえる。水田が下り、それと共に人々が下り、当然のこととして歌もまた下っていくのである。

ところが、この歌は川の流れの様を詠んではいるのだが、傾斜地を流れ下った川はこれ程に暴れ川になりますぞ、の主意ではなく、雨のたびに流れが変わり、昨日淵であった所が今日は瀬になるように、世の中は変わりやすいものであることよ、と定めなき世の中の変わりやすさの喩えに暴れ川を詠んでいる。

これ程に、変わりやすい氾濫地の水田の管理は困難を極めますぞという歌意ではないのである。

雨の降るたびに暴れる氾濫地の水田を守るためには、土手を築き水の流れを制御すればいい。これは今ではどの川も行われている方法で、土手の間を川が流れ、その土手を越える程の水量があるときに水田が害を被ることになる。

土手が決壊するかしないかが、水害となるかならないかであるから、水害を防ぐには土手を壊れないようなものにすればいい。

ありていにいえば、水害列島である日本列島の稲作を水害から守ることは、川の土手をうまく築くかどうかといいかえてもいいのである。

『古今和歌集』のこの時代、読人しらず氏は、どの位置で「あすかがは」を見ているのであろうか。両側に土手があり、その土手の中で昨日の淵が今日は瀬となり、土手の外側は昨日も今日も変わりなく水田があり、人々は生業を続けているのだろうか。

土手の中の流れの変化であれば淵が瀬となろうとも、瀬が淵となろうとも小さなもので、世の中の定めなさも歌に詠んで嘆くほどのものではないはずである。淵となり、瀬となるような暴れようは、土手をも壊してしまう程の氾濫と見た方が、世の中の定めなさは、より大きなものとなり、深刻なものとなる。

水の流れを制御しきれなかったから淵が瀬となる程に暴れまわったのである。というより、水の流れとは本来そういうものである、と言い換えた方がいい。その暴れ回る自然の流れ水を、役に立つ水にしようとするのである。

土手はあってもわずかな水の増加で、水が越えてしまう程度のものであったろうと想像しているのであるが、両側の土手共に昨日の雨で壊れてしまったのであれば、讀人しらず氏が淵が瀬となった様子を見る場所がない。

ここは、こう想像したほうがいい。片方の土手は壊れるが、もう一方の土手は壊れない。それがこの時代、『古今和歌集』の「あすかがは」の管理方法であったのである。だから、讀人しらず氏は一方の土手の上で向こう側の変わり様を見て、かくのごとく世の中は定めなきものよ、と詠んでいる。

両側に同じように土手があれば川の水が増えたときにどちらかが決壊する。このどちらかが困るのである。けっして壊れない土手を作ることなどできないのならば、壊れない土手にする工夫をしなければならない。

片側だけの土手。片側だけであれば、この土手は壊れることはない。壊れない土手であれば、そちらの側には水田もできるし人々も安心して生業を成すことができる。

この時代の土木技術は、その水準であったであろうと想像したほうが水田の場所と、その水田で稲作を続ける人々の集落の有り様が分かりやすい。

さらに、壊れない土手にするためには、増水し勢いを増した水の流れを緩やかにすればいい。遊水池を作るのである。

山麓を飛び交う蝶

奥入瀬は新緑と紅葉の美しい所として有名な所であるのだが、それ以上に美しいながめは、川の中の石に苔や草が生えていることである。

流れの中の石に草が生えている。これは石が水を冠ることがないからである。つまり、水の流れる量に変化がなく、一定であるからである。十和田湖が調整池の役割を果たしているからである。同じような組み合わせのものは、利根川と霞ヶ浦、淀川と琵琶湖のように自然の調整池がある。

雨で増水した水が激流となって流れるのを緩やかにして、土手への衝撃を和らげ決壊を防いでいるのである。自然の調整池がない河川には、その作用を作りだして決壊しない土手としなければならない。

『太平記』に次のような記述がある。

執事兄弟武庫川ヲ打渡テ、小提ノ上ヲ過ケル時、三浦八郎左衛門ガ中間二人走寄テ、此ナル遁世者ノ、顔ヲ蔵スハ何者ゾ、其笠ヌゲ、トテ執事ノ着ラレタル蓮葉笠ヲ引切テ捨ルニ、ホウカブリハヅレテ片顔ノ少シ見ヘタルヲ、三浦八郎左衛門、哀敵ヤ、願ウ所ノ幸哉、ト悦テ、長刀ノ柄ヲ取延テ、筒中ヲ切テ落サント、右ノ肩崎ヨリ左ノ小脇マデ、鋒サガリニ切付ケラレテ、アット云ウ処ヲ、重テ二打ウツ、打レテ、馬ヨリ　ドウト落ケレバ、三浦馬ヨリ飛デ下リ、頸ヲ掻落シテ長刀ノ鋒ニ貫テ差上タリ

（『太平記』、日本古典文學大系、岩波書店）

武庫川で執事高師直が殺されたた場面である。『太平記』の時代の川土手の様子がうかがえる記述である。

「武庫川を打渡って、小堤の上を」とあるが、この小提はどのくらい大きいのだろうか。「小提」と表記してあるのだから、大きくはない。ひょいと飛び越えられそうな大きさと高さでは

ないだろうか。

川土手もそうであるが、提も水を一定の所以外には流さないように土を盛り上げたものである。沼沢地で水分の多い土を、水を仕切ることによって、乾燥した土地を作りだし、水田や宅地にする。つまりは、役に立つ土地を作り出すのである。

仕切られた水が流れて川となり、留まって池となる。干拓池である。そうしてできた土地を干拓地という。その干拓地を創り出す提が、『太平記』の時代はこれ程に小さかったのである。当然のことであるが、ひょいと飛び越えられる程の堤で創り出される土地の広さは大きなものではない。この場合、土地の広さよりも、あてにできるか、できないか。と言い換えたほうがいい。

川にしろ池にしろ、雨で増水したら、その堤からたちまち水は溢れてしまう。小堤の干拓地はたちまち冠水する。冠水した水田は稲の育ちが悪い、育ちの悪い稲は収穫も悪い。

冠水しない土地を作るためには溢れない土手を作ればいい。川の両側とも同じように大きく、高い土手を築けば、増水時にどちらかの土手が決壊する。しかし、どちらか一方が溢れやすい土手であれば、もう一方の土手は容易には壊れない。

川の片側を遊水池にすることによって、もう一方の土手を壊れない土手とすることになる。言い換えれば、片方の側にはめったに冠水しない土地として、水田となし、稲を作り住居となして人々が生業を成す。

もう一方の側は、あてにならない土地で雨の少ない年には収穫も期待できるが、冠水の多い年には、その収穫は期待できない。いわばお天気まかせの水田である。

山から流れ下る水は早い、傾斜が急だからである。いくつかの山筋を流れ下った谷川が山裾の傾斜が緩くなる所で合流し、流れが大きくなり水の量も増す。

流れがいくつか集まる合流点は水の流れが複雑になり、土手を痛める力が複雑になる。それだけに土手も壊れやすい。

川の側に水田が移ってからは水の流れを管理すること、つまり、土手を保つことが水田を確保することと同じ意味を持つことにもなったのである。

せめて、片側の土手だけは決壊しないものを、という工夫が、片側は水の溢れやすいようにして水の勢いを減じ、遊水池とするのである。

当然のことながら、水は高きから低きに流れる。であるから、高低差が大きくあれば流れは早く激しくなり、高低差が少なければゆっくりと流れる、高低差が殆どない所では蛇行するか、留まって沼となる。

ゆく河の流れは絶えずして、しかも、もとの水にあらず。淀みに浮ぶうたかたは、かつ消えかつ結びて、久しくとゞまりたる例なし。世の中にある人と栖と、またかくのごとし。

（『方丈記』日本古典文學大系、岩波書店）

『方丈記』の冒頭部分である。ことほど左様に無情なものであるよ、と河の流れに託して思いのままを述べたものである。

この河が京都の河であろうことと、合流点付近の流れの特長が読みとれる表現であることは、おそらく作者自身も気づいてはいないであろう。

京都は山裾に作られた都市である。山から流れ下った高野川と加茂川が合流し鴨川となる地点が下鴨神社で、その下流域に街区が確保されたものである。日本列島の河川の典型的な氾濫地にあることになる。

しかも、『方丈記』のゆく河は、ゆっくりと流れ、大雨の大水量の流れではなく、かつ消えかつ結びながらも、うたかたは下ってゆく。

水平と方形が王城の空間であるから、傾斜のない水平の所では淀みながらもわずかではあるが流れてゆく。市街地を出るあたりでさらに桂川と合流し、流れはさらにゆるやかになる。

水平な土地を広く確保できるのは氾濫地である。その氾濫地を管理して役に立つ、しかも、あてにできる土地としなければならないのである。片側の土手は、川の片方だけでも水害を受けない土地を創り出すものである。もう一方は大雨の増水時には遊水池となり、向こう側の土手を守ることになるのである。

両側に丈夫な土手を見慣れた我々にとっては、奇妙な風景であり、川の片側しか利用できない管理はもったいない話でもあるのだが、川の側で確実に水田を維持する方法としては工夫を凝らしたものといえる。

雨は多すぎても困るのだが、少なすぎても困るのである。雨の降り様はお天気任せであるにしても、多すぎた雨で川の水が増えても、害を被る水田を少なくすることが日本列島で稲作を続けるための最大の仕事となる。その仕事こそが川の管理である。

『日本書紀』『古事記』に水害の記事が見あたらず『続日本紀』から多くなることから、その頃に水田が水害がある場所で作られるようになったであろうことを想定して以来、川の管理、水の制御こそが水田を確保するための方法であることを述べてきた。

稲を作るためには、水田を確保すること。水田は、日当たりがよく、水があり、水平になる所で作られてきた。

それを満たすところが氾濫地なのである。そこは水が多すぎて困るところでもある。

水と土地を分けるため、さらに言えば沼沢地の泥沼を水と乾燥地とに分けること、つまり、水たまりと耕作可能地とに区分するものとして土手を築くのである。その築き方の工夫が川の上流域、中流域、下流域で違いがあることを今、述べている。

『太平記』に見た、ひょいと飛び越せそうな土手では、大雨の大増水は防ぎきれないであろうが、そうでない場合には立派に水と水田の区分けをする。

増水の冠水時の土手の衝撃を和らげる工夫の一つが霞堤であるともいえる。霞堤は切断された土手のことである。溢れた水の勢いを和らげ、遊水池となる側の土地の害を少なくしようとするものである。

武田信玄が作ったとされる霞堤が有名であるが、あてにならない片方側の土地でもさらに被害を少なくして収穫を多くしようとするものである。その信玄堤は、釜無川《かまなし》と御勅使川《みだい》の合流点で洪水の被害を受けやすい場所に作られたものである。

川の合流点は氾濫が起こりやすく、治水の難しいところである。その困難な所でさえも治水、川の管理、水の制御によってあてになる土地を作り出してきたのである。

合流点は氾濫地である。氾濫地で稲を作ることは難しい。

武田信玄と上杉謙信が五回も合戦を繰り返した川中島も千曲川と犀川の合流点である。

現在では、その地点を特定することは難しいが、武田神社がその地点だとすれば、両方とも土手で管理された二つの川の間にある。つまり土手の外側にあり、川の中の島ではなくなっている。武田、上杉両氏が合戦を繰り返した当時の川中島は、文字どおり川の中の島であったのだろうが。

増水すればすぐに氾濫し、荒れ地となるところ。千曲川と犀川の合流点が合戦の場所であり、土手によって水の流れを管理されてはいなかった場所である。合流点の外側は、土手によって耕作地を確保しているが、内側は管理されていない場所であったのである。当時の川中島の合戦はそんな場所で戦いがあったのである。

その後、内側にも土手を築き川中島があてになる土地となり耕作地となる。その頃から合流点の内側を川中島と言うようになったのであろう。

あてにできない土地に地名などはつかないが、あてになる土地となり、人々が生業を成すようになり、名もつく。

合流点の変化、川の管理の変化をたどるのにいい場所をもうひとつ見てみる。姉川の合戦である。姉川の合戦の地は姉川と草野川の合流点である。ここも川中島と同様に合流点の内側にあり、現在では両方の川の土手の外にある。

あねがわのたたかい〔姉川の戦〕

一五七〇（元亀元年）六月二八日、近江国野村・三田村（現、滋賀県浅井町）付近の姉川河畔で織田・徳川連合軍が浅井・朝倉連合軍を破った戦。以下略

（『日本史広辞典』山川出版社）

姉川の戦〔あねがわのたたかい〕

一五七〇（元亀一）六・二八　近江の姉川の河原（滋賀県浅井町）で織田信長・徳川家康連合軍が浅井長政・朝倉義景連合軍を破った戦。各陣営数千の戦死者を出す激戦の末、織田方が勝利。以下略

（『日本史辞典』岩波書店）

河畔も河原も現在では川土手の内側にあり、水の流れが少ない時には人が立ち入れる所となる。当然のことながら、増水時には水の中であるが、雨が降らず晴天が続けば、この場所で、人々は市を開いたり、踊ったり舞ったりもするし、合戦もする。

各陣営数千の戦死者を出すほどの戦いは、合わせて数万にのぼる戦士が戦ったはずである。現在の姉川の土手の内側では、とうてい納まりきれない数である。

ここはこう考えなくてはならないであろう。片側には土手がなく荒蕪地として広がっていたのである。雨が降れば水が流れ、水が少なくなれば乾いた土地となり、市も立ち、小合戦の場ともなる。当時は、ここも河畔といい、河原とも言ったのである。つまり川の中なのである。

姉川と草野川が合流する内側は増水時に川の流れが広がっていく遊水池としての役割を果たす場所となっていたのである。その場所を遊水池とすることによって合流点の外側は土手の決壊を免れ、土手の外側の水田を守ることになるのである。

戦国の時代といわれるこの時期、両側共に土手が築かれ、両側共に水田があり、稲が作られ

ていた、と見ることは無理のようである。

六月二十八日の日付を見れば、織田・徳川連合軍と浅井・朝倉連合軍、合わせて数万の戦士が戦った場所が、水田ではなかったことがはっきりする。

六月二十八日は旧暦の日付で、太陽暦に置き直せばひと月遅れの七月下旬か八月始めである。水田に植え付けられた苗が、梅雨の間は日照も少なく、弱々しかったものが、梅雨が明けて十日も立つと、見る間に強くたくましくなっている時である。

この時期に、水田を数万の戦士が駆け回るようなことを、武士の頭領がするはずがない。水田を確保する工夫によって武士の頭目になっている者は、稲作の大事な時期をよく知っている。梅雨明けの強い日差しの中で、二、三株植え付けられた苗は十数倍の株に増えるのである。これを分蘖《ぶんけつ》といい、この時の株の増え様が秋の収穫を決めると言っていい。

姉川の合戦の戦士たちが駆け回ったのは、梅雨明けの日照りの中の荒蕪地でなければならないのである。

稲作に一番大切な時期だから、水田の中を駆け回ることはないと断言した。そうであれば、水田ではない川の中の荒蕪地を駆け回っていたのは農民ではないことになる。一番大切な時に農作業をしていない者が農民であるはずがない。

両軍合わせて数万の戦士は、稲作の一番大切な時に農作業をしなくていい者たちである。つまり、合戦ばかりをする者たちなのである。

稲作の作業に関わらない戦士たちの軍団であれば、農繁期、農閑期を問わず合戦に動員できるが、合戦の場所だけは耕作地からはずれている。

桶狭間の戦、五月十九日。本能寺の変、六月二日。姉川の戦、六月二十八日。関ヶ原の戦、九月十五日。この時代になって農繁期、つまり、水田に稲がある時期に合戦があるのもひとつの特長となるのだが、だからこそ戦国時代などと時代区分されるのであろうが。

稲が田にある間の合戦をいくつかあげてみたが、見事に水田の場所からはずれている。あるいは、水田ではない場所で行われたのである。姉川の戦も水田ではない場所で戦われた。現在では、川の外側、つまり、土手の外側の水田となっている合戦場の跡も、その後に水田となったものである。

川の制御の方法として片側だけに土手を築き、増水しても、土手の側だけでも水田が害を被らないようにするのである。先に述べた信玄堤は、その片側の土地も被害を少なくする両側土手の始まりであるとした方がよさそうである。川の流れの途中に遊水池を作り氾濫を防ぐ方法が片土手の工夫によって、川の側の水田を水害から守ったのである。

現在の川の管理の方法、つまり、川の両側に水田が広がる風景は、戦国時代が終わり、江戸時代になってからのものであるとした方がよさそうである。

川の管理がかわって、風景が変わった例をもうひとつあげてみる。時代は違うが頼朝の頃である。

ひるがしま【蛭ヶ島】静岡県田方郡韮山町の古跡。源頼朝の流謫地として有名。当時は狩野川の中洲として大蛭島・小蛭島・和田島があった。
（『広辞苑』岩波書店）

当時は中洲でも狩野川の灌漑によって、川の管理がなされた今の風景では、頼朝の当時の様子はうかがい知ることは難しいことである。広々とした水田の連なりの中にその古跡はある。中洲であった頃の面影はない。

風景は、川の管理でかくのごとく変わってしまうという見本のようである。

戦国時代までは片土手の時代。それ以降が両土手の時代と、大づかみに区分けして見ると、守護大名と戦国大名との区分けでもあるように思われる。

どのようにして水田を得るか。川の側にきてしまった水田は、川の管理を工夫することによってしか得る方法はない。その工夫によって得た水田が、それを得た者の力の背景となり、新しい方法をもてなかった者に取って替わる。

花は散るもの散らぬ花もあるとか

日本列島は稲作列島。稲作は水害をどう防ぐかで、収穫が左右される。水害を少なくすることができた者が新しい力をもつことになる。もちろん、力をもつ者の背景が水田風景ばかりによるものでないことは充分承知の上で、このことを言っている。

その背景は、米の他には商品の流通であるのだが、物が動くその動線も川である。川を舟が行き来する。川の管理によって舟の往来を確保し、物の動きを管理する。これもまた、川の管理能力が力の背景となるのである。

日本列島の力の背景は、稲を作るにしろ、物を動かすにしろ、川の使いように違いはあっても、川を制する者が天下を制するとも言えそうである。

戦国の世が終わり、江戸時代になって、川の流れは両側の土手によって管理されるようになった。

さみだれや大河を前に家二軒　（「安永六年句稿」『蕪村句集』日本古典文學大系、岩波書店）

安永六年は一七七七年、江戸時代になり、日本列島の多くの河川で両土手の治水工事が進んでおり、取りかかりの早かった河川では、その両土手が完成した頃である。

頭注にはこうある。

「五月雨時の大河のすさまじさを、堤上に心細く立っている二軒の家に焦点をおいて強調した」

五月雨を集めて流れる大河がどの川を言うのかは明らかではないが、満々と流れているであろう水は、両土手の間を流れている。もう少し雨が降り続けば土手が決壊するかもしれない。

川の名などどうでもいい、溢れるほどに水が増した川はどれも大河である。その土手の上に立つ二軒の家は危なっかしいかぎりである。頭注の主旨は、このようになるだろう。

水害のない風景から、水害の始まりへと、水田と人々が川の側で稲作と生業を続けてきて、川の土手が片土手から両土手へと風景が変わってきたことを知っている我々は、蕪村のこの時代に大量の水が満々と流れる川となったことが分かるのである。

堤上に立っている二軒の家は心細さ（頭注）の風景ではなく、時代の先端を行く風景を詠んだものと読み解くのは穿ちすぎであろうか。

蕪村のこの時代、この句の当時（安永年間）には、雨を集めた川が満々と流れる両土手の管理された水の流れとなったのである。

先に述べた大和川は宝永元（一七〇四）年に付け替え工事が行われ広大な耕地が作り出された。他にも、利根川の東遷工事、木曾川・揖斐川の鹿児島藩御手伝普請工事をはじめ、全国で治水工事がさかんに行われた。河川は両側に土手をもつものになって、その両側に耕作地を作り出したのである。

海に届いた河口では海をも埋め立てて耕作地とした。言い換えれば、江戸時代になって川の下流域が水田となり、人々の生業の場所となったのである。

蕪村には先の「さみだれ」の句の他にも五月雨を詠んだ句がいくつかある。

うきくさも沈むばかりよ五月雨
ちか道や水ふみ渡る皐雨
さみだれに見えずなりぬる径哉
五月雨の堀たのもしき砦かな

『蕪村集』（日本古典文學大系、岩波書店）から拾ってみた。傾斜地での五月雨の風景ではない。傾斜地・山裾、上流域の五月雨は急流となって流れ下る。

これらの句の五月雨は溜まっている。だから、うきくさも沈み、ちか道も水を被り、径もまた見えずになり、堀も満々と水を湛えている。下流域での特徴的な風景である。下流域の不安を詠んだものであれば次の句がある。

皐雨や美豆の小家の寝覚がち

美豆は木津川と淀川が合流する低湿地である。皐雨が長くなり、川の水が増えれば氾濫の恐れの多いところである。ゆっくり寝てなどいられない。

これらの句と共に、先の「大河を前に家二軒」を読めば、心細く思われるのは当然であるとしても、川を両側の土手で管理するようになって初めてみられる現象で、新しい風景なのである。現在の、日本列島の水害と同じ現象になったのである。土手が決壊し、氾濫し、洪水となって害を被る。

それ以前の河川管理では土手の決壊などなかったから、江戸時代からが水害も同様に風景も同じものを見ることとなったのである。

川が。平野の真ん中を流れ、その両側に水田が広がる。その風景の中の「家二軒」であるから危なっかしい風景でもあるのだが、この風景はわずか二百年あまりの共有でしかないものであるし、その先駆けをつとめてくれてもいる。蕪村が詠むときに少しばかり自慢の気持ちがあってのことと読むのは読み過ぎであろうか。

かくして、蕪村は両土手時代の始まりの人であるし、両土手の風景を詠んだ初めての人であると言ってもいい。だから、蕪村は両土手時代の人。

闇は深いほど遠くの火はよく見える

行基は水害が始まった頃の人。行基が作ったとされる橋や溝は山裾ばかりにあることに気づく。

空也は片土手時代の人。空也が来て教えを広めた場所と伝えられ空也堂が立てられている所は川原の氾濫地である。そして、そのほとんどが、現在では土手の外になっている。

あるいは、空也の頃の土手は現在のように川の流れに沿って連なっているものではなく、開墾して耕作地としている土地を、水から守るために土を盛り上げて囲ったようなものであるのかも知れない。そう想像すれば、言い伝えられる空也堂が川原ばかりにあるのがよく分かる。

かくして、川を下って河口まで達した水田は、両土手によって守られるものとなり、両土手の中を流れる川のくだり様で日本列島の稲作の歴史が風景として出現したことになる。

源義経は合流点のにぎわいは知ってはいても、見渡すかぎりの稲の穂波、つまり、川の両側に広がる平野の風景は見なかったはずである。平野の稲の実りを知らなかったのは義経ばかりではない。江戸時代に両土手の川の流れになる前の人たちは見ようとしても叶わぬことであったのである。頼朝も、信玄も、謙信も、信長も、秀吉も、家康でさえ見ることはできなかったのである。

いいかえれば、川を制御すれば新しい土地を得ることができるのである。その新しい土地を得た者が新しい時代の主となっていくのである。

日本列島の主人公の交替がよその所の交替と比べると穏やかであるのは、この新しい土地が常に用意されていたからであると言ってもいいであろう。

中国にしろ、欧州にしろ、人々が集まる場所を城壁で囲まなくてはならなかったのは、よそ者の侵入や殺戮を防ぐためであったのだが、日本列島ではその必要がなかったのであろう、城壁で囲まれた都市集落はなかった。

これまで述べてきたように、水田が川の側に近付いた頃に、水田の廻りに土を盛り上げ水の害から守ったであろうことは考えられる。その盛り土が川の流れに沿って作られるようになり土手になっていったのである。

その土手で川が管理されるようになって、ようやく見渡すかぎり稲穂の波の平野が出現するのである。

日本列島の場合、川土手が城壁である。といった方が集落の特長を説明しやすいようである。川土手を築き、水の害の少ない土地を作り出し、そこを稲作の地として集落ができあがる。壁を築き襲撃から集落を守る必要などない。正確に言い換えると、襲われる心配などないのである。さらに言えば、奪い取ることなどする必要がないのである。

土手を築き、川の流れを制御して、水の害の少ない土地を作り出せば、それが我が物となるのであるから、他人の財産や生命を略奪することもない。

新しい土地を得る方法がないときに、つまり、川の管理の技術が限界に達したときに、わずかに略奪の歴史が見られる。それが戦国時代と言われる。

この時は、片土手の時代。わずかに両土手技術が見られるものの、いわば片土手管理の手づまり状態、新しい土地を手に入れる方法も手詰まりであったのである。

日本列島で水害と共に始まった川沿いの水田は、川の管理技術と共に、川を下っていった。このことは何度も繰り返し述べてきたところである。その川下りが行き詰まったのが戦国時代だと言えるのである。だから、他人の土地を奪い取るしかないのである。

川を管理する方法が手詰まりの中では川を下ってゆくことができずに、川を上っていく現象も見られるようになるのがこの時代である。山裾の棚田はこの頃に始まったといえる。傾斜地に水平面を確保しようとすれば段差、つまり、法面という、が大きく必要になる。大きな法面を効率的なものとするために傾斜が急になる、傾斜の急な法面は崩れやすい、崩れを少なくするために石垣となる、棚田の風景がこの頃から始まることになる。

石垣が日本列島の風景の中で見られるようになったのはいつ頃からであろうか。ひとつの判断となるのは京都駅の一番線である。秀吉が築いたといわれる土塁に列車が入り、その土塁の上から乗り降りしているのであるが、そのことに気づく人は少ない。

そののちは、いわゆるお城である。高々と築き上げた石垣の上に天守閣。江戸時代を語るときに必ずでてくる城下町とお城。

石垣の特長は法面を少なくできること。土の法面では傾斜は緩くしかできないが、石垣は垂直に近い崖のように築きあげることができる。水平に土地を使うのが日本列島の作法であるから、段差の傾斜が少ないことは段差の上の水平も下の水平も、その分広くなる。

石垣がない頃は、法面にしろ土塁にしろ土を盛り上げたものであったのだから傾斜は緩いものであったのだが、石垣になると険しくなり、風景も険しくなったように見え始めるのである。さらに時代が進むと石垣はコンクリートの擁壁となり垂直になってしまう。段差の上と下の水平面は共に広くなるのだが、風景は一層険しくなり殺風景になってくるのだが、そのことは後にふれる。

山や野の強風を野分、平地の強風を台風

略奪の歴史をもたない日本列島は、略奪を防ぐための城壁をもつことはなかったが、土地を水平に、しかもより広く使うための段差が防壁となり傾斜が次第に険しくなっていったとも考えられる。

水田の周辺に築かれて稲作を水害から守るためのものとして発達した土盛りは、川土手となり、その川土手も、片側から両側の土手に、その両土手も石垣となり、風景が険しくなった。集落を城壁で囲む事はなかったのだが、段差の法面がその役割を果たしてきたのである。川土手の傾斜と、法面の傾斜で水田の水平と、人々が住む土地の水平を作り出してきたのである。そのことが日本列島の風景を特長づけてもいるのである。

かくの如く江戸時代を通して、川の水は土手の中を流れる様になったのである。言い換えれば、川の両側に水田が広がり、初夏には張られた水が強い陽光を反射し、大きな湖の様に見え、秋には黄金の穂波が広がる。この平野の風景は江戸時代をかけてできあがるのである。

工夫すれば新しい土地が得られるという日本列島は、略奪の歴史がないという特異な歴史の他にさらに特徴的な歴史をもつことになるのである。新しい土地を得た者は、誰からもその土

地を引き継いではいないのだから、正統に引き継いだという自己証明は不要である。

新しい土地で、新しいやり方でやっていけるのだから、その新しさこそが、その土地で生業を営む者たちの規範となる。旧主を引き継ぎ正統に主人公となったことの証のために正史を編むという中国の歴史観とは大きく異なるところである。

中国ばかりでなく、大陸の西の方でも掠奪することから歴史が始まり、奪われた王妃や王女を奪い返したり、男たちを奴隷にすることで歴史物語が始まることになっている。

奪ったり奪われたり、取ったり取られたり、取り戻したりするのは人とは限らず、土地や財産も同様である。だから、物語はその行為を正当化するために語られることになるのである。

これは中国の正史と同じことである。奪われた土地や財産や生命を奪い返したことの正当性を主張し、奪われないために城壁を築き武装するのである。

城壁の内側に住み、共に武装し、共に生きながらえることが長くなった集団を、現在で言う民族だと言ってしまってもあながち言い過ぎではないであろう。

日本列島では、掠奪することなく新しい土地が我が物とできるのである。新しい土地に正当性など主張する必要はない。新しい土地での新しいやり方こそが時代の旗主の喧伝すべき唯一のものとなるのである。このことが日本列島の歴史の特長となる。

日本列島の時代の旗主の交替を見てもそのことがよく分かる。

新しい時代になって、その新しさを強調する方法として、前の時代がかくも古めかしいことであったと言うのもひとつの方法である。前の時代を正統に引き継ぐ必要などないのだから、ことさらに前の時代の悪口を言って自らを正当化する。この方法こそが日本列島で繰り返されてきた歴史である。

江戸時代の大名の領地を藩といい、毛利藩、島津藩、山内藩、あるいは薩摩藩、土佐藩なども言われる。江戸時代もそのように言われていたかのように思われがちであるが、江戸時代の史料に藩は使われてはいない。七十七万石島津家の領地であり、二十四万石山内家の領地として表されている。

明治になっての廃藩置県が藩という言葉が使われた初めであると言ってもいい。古い旧来の地方組織を改め、新しい時代にふさわしい行政組織にするために、県を置くということなのであるのだが、古い組織をことさらに古めかしく言うために藩などという言葉を使ったとしか考えられない。だから廃止するのである。

藩は廃止するための古い組織として使われたに過ぎないのである。それ以来なのである。江戸時代に藩があったことになったのは。ことさらに前の時代を古めかしく言うことによって新しさを強調するのである。

時代の区切り目で登場する新しい主人公は、日本列島では風景の変化と共に現れるのだが、風景もまた新しいものとなっている。

区切りの新しさは、ひとつは、水害が始まった頃。ひとつは、片土手から両土手になる頃。

言い換えれば、工夫次第で新しい土地が手に入れられる時は、新しいことが時代の思潮となるのである。

水害の始まりの頃は中国が新しく、片土手から両土手になる頃は宣教師たちが見本となった。新しい土地を手に入れる方法が行き詰まった時に、日本列島では掠奪行為が始まるのであるが、これは何度も見られることではなかったことは、今まで見てきたところである。

足羽川の例を取ると、川の上流域と下流域の関係がよく見える。福井（北の庄）が開かれたのは戦国時代の終わり頃、一乗谷を朝倉氏が拠点としたのは戦国時代の始め。一乗谷の朝倉氏と福井（北の庄）の柴田氏はなにひとつ関係を説かれることなく川の上流とその下流に根拠を置くことになった。

これは、今まで見てきたように一乗谷は、その時代に応じた川の管理の技量で水平地を作り出してきたからである。福井（北の庄）の時代にはその時代の方法で生業の場所としてきたからである。

福井を拠点とするものは、前の時代を正当に受け継いだという儀式も、言い訳のための史書も必要としないまま新しい時代は始まるのである。このことは、日本列島で繰り返されてきたことでもある。

臨海地の土地で、今、人々の多く集まる場所となっている「お台場」がある。「お台場」は江戸時代の末に、外国船をうち払うために大砲を据え付けた所である。当時は海中にあり、岸から離れた所にあったのである。それから百余年、間の海が埋め立てられて、今では陸続きとなり、新しい土地ができた。時代は違うが、江戸八百八丁も江戸時代三百年の間に埋め立てて作り出された土地である。徳川家康が江戸城を作るときに、建築材を城の側まで船で運んだのである。

江戸城（現在の皇居）は水際に作られていたのである。だから、江戸城から海側はその後に埋め立てて作り出された土地なのである。今の東京駅も海の中であるし、八丁堀も埋め立ての途中にできたところである。江戸時代には世界最大の都市であったと言われる大江戸も、埋め立てた土地の上でのことであったのである。

言い換えれば、新しい土地で新しいやり方の江戸時代が始まり、三百年続いたのである。ところが、江戸城の後ろ、つまり西側は人々の生業の場所とはならず、明治になるまでは荒蕪地であったのである。

江戸は三百年だが、博多はもう少し長い。蒙古軍の上陸を防いだという防塁は、当時の海岸線であったはず、ところがこの防塁が今では海岸から離れた市街地に見られる。

防塁が作られたのは鎌倉時代、防塁から先の海側は、その後に埋め立てられた土地である。だから、防塁から陸側はそれより以前の土地ということになる。防塁の線から少し奥に清盛が開いたと言う「那の津」が、わずかに高くなっている高台には「筑紫館」があり、その「筑紫館」の跡は、「福岡城」となり「平和台陸上競技場」となり「野球場」となった。

さらに、川を溯れば、日本列島で最古と言われる水田遺跡もある。博多は「那の津」の頃から、さらに言えば「筑紫館」の頃から人々が多く集まる場所であったのだが、集落の中心が時代と共に、海の方に、海の方に移っていったことがよく分かる。

「博多」は歴史の長い町であると言われてはいるのだが、その場所は時代と共に川を下っていることがよく分かる。海辺にある「博多」は、海へ海へと土地を広げていったのである。

「江戸」や「博多」は海辺の土地で、土地は海の方へ広がっていったのであるが、この方法は、江戸時代に他の、いわゆる城下町ではどこでも行われたことのようである。

山の尾根が平地に続くところの裾の高台にお城があり、その城から見下ろす町の広がりは、城の主がお国入りしてからできあがった土地である。早い例は、立花領の有明海の埋め立てで、立花氏の「柳川」入府と時をおかずに始まっている。

いくつかの例を見ただけのことであるが、新しい治世は、新しい土地で行われたのである。

神や天子が山裾をわたる

土地を奪ったり、奪われたりして、そこの主人公が替わるのではなく、新しい主人公は、新しい土地と共に登場するのである。

河口周辺や海辺の沼沢地が人々が生業を成すところとなったのである。

方形で水平であることが文明である。という文明観を広々とした空間として、ようやくにして手に入れたことになるのだが、市街地のつくりは碁盤の目のようにはならずに、お城を中心とする通りと筋で作られた町になるのである。

川の管理によって、水の流れを制御したり、海岸に松を植え防風林としてその後ろに広い水田を作ったりした。

何度も繰り返すことになるが、日本列島では、新しい土地を作りながら、人々は移り住むのである。その作り方は、川を管理する方法の発達に合わせて川を下ってきたのである。それが、今、河口にまで達したのであり、海までも管理するようになり広い空間を作るようにもなったのである。

人々の集まりが移り替わっていった跡を風景の変化として、川を下ってきたのだが、言葉の変化としても、その跡はたどることができる。庄あるいは荘である。

荘園は公田に対する私的な土地であり、いわば、新しい空間であると言ってもいい。荘家、荘官、荘長、荘庫など、荘の字を使う用語は、その新しい土地を管理するための言葉である。

奈良時代の公田制がうまくいかず、新田開発を有力者にまかせ、その有力者たちが開墾した土地が公田とはならず私的なものとなり、荘園といわれるようになったことは歴史の教科書が教えるとおりである。

やがて、土地を得た者が力を得て武士といわれるようになり、いわば武士の時代が到来することになるのだが、この時代の土地は水害の始まりの頃から、片土手の頃の土地空間であることは今まで述べてきたところである。

荘園をはじめ荘のつく用語は、言い換えれば、片土手時代の新しい土地の新しい名称でもあったのである。

新しい水田での、新しい生業がうまくいくようになれば、当然のことながら人々が集まりそこに住むことになる。

やがて、両土手の時代となり、公田に対する私的空間である荘園というような公対私という構図が崩れて、すべて私的空間となり武士の領地となり、荘の字が庄で表されるようになる。

荘にしろ庄にしろ、人々が多く集まり生業を成したところである。その場所が、現在では町の中心地から離れたところになってしまっている。人々の集まりは移り変わっているのである。

荘園では広すぎるというのであれば、国分寺跡を考えてみるといい。国分寺が建立された奈良時代には人々の集まりの中心に国分寺の堂と五重塔があったのである。

それが、現在では人々の集まりから離れた山裾に再建された五重塔が建っている。人々の集まりはかくのごとく移り変わって、川を下り、あるいは山裾から離れていって、ついに河口まで達したのが江戸時代である。

江戸時代に人々が多く集まったところは城下町である。江戸は江戸時代三百年に埋め立てられてできた町である。家康が江戸に行ったときの江戸城は海辺にあったのである。江戸文化の三百年は、作られた土地の上で営まれたものであると言ってもいい。

　ありていにいえば、落語の主人公の八つあんや熊さんは、江戸の町を行き来はしているが、埋め立て地を出ることはなかったはずであり。銭形の親分も埋め立て地の上でしか銭は投げなかったはずである。

　ここにきて、新しく土地を作ることが、水田を開くためばかりではなくなってきたのである。それは他の城下町にも見られることでもある。「お城」の立地を見れば山裾の微高地に在り、その城を「扇の要」として平地が広がっている。その広がりの先が海岸線であるのが江戸であり、三百年をかけて埋め立てられたのである。

　江戸城が築かれた時、城の石垣は波打ち際に在ったのである。

　山裾の小高い丘を丸山ということがおおい。その丸山は海に面していたのであり、天守閣から見る城下の広がりは、天守閣ができた後に新しく作り出された風景なのである。城の中の建物を本丸、西の丸などというのは、丸山に築かれたからである。

　現在では天守閣が残っているにしろ石垣だけにしろ、見渡すかっての城下の広がりは、水田ではなく建物ばかりの市街地の広がりとなっている。川を管理し、海を埋め立てて作り出した土地は水田のためばかりではなく人々が集まる場所ともなったのである。

　開墾して河口に達し、そして海を埋めるまでになった。城下町のこの風景は四百年の間に作り出された風景である。

はっきり言ってしまえば、城下町には四百年を越えるものは何もないのである。それ以上の時の流れを確かめるには博多の土地の広がりをたどってみればよく分かる。

防塁のある位置を確かめれば、防塁より海側はその後に埋め立てられた土地であることは明らかなことである。防塁は鎌倉時代に元の襲来に備えられたもので、当時の海岸線に沿って築かれたものであることは先に述べたとおりである。

今でも海岸にそのままの姿で残るものもあり、町の中に、ここがその跡、といわれる所もある。当時はここが海岸線であったことを示していることであり、今も海岸線にあるのは、その後、海の埋め立てはなかったし、町の中の建物の間にその跡があるのは、埋め立てられて人々が生業の場所としたからである。

博多は、このように防塁を目安にして、その前、その後がよく分かる所となっている。律令時代の「津」とその倉庫は、この防塁のはるか奥に、平将門が開いた「那の津」は防塁の内側に。という具合に土地の広がりの歴史がよく分かる。

この広がりが見える都市がもうひとつある。京都である。京都は水平で、方形であることが文明的であるという理念の下で律令時代に作られた土地であることは先に述べたとおりである。方形の中心が御所であることはいうまでもないことであるが、いくつかの例外を除けば、時代がくだるほどこの御所から遠ざかっているのである。

室町時代までは、方形の周辺にあり、江戸時代なると、ほとんど山の中である。金閣寺には坂を上ることなく境内に行き着くが、詩仙堂に行くには坂をしばらく上らなければ行き着かない。京都は山裾に開かれた空間であるから新しい土地は方形の外に求めるしかない。つまり、山を登るしかないのである。

竜安寺は坂を上ることなく石庭を眺めることができるし、湯豆腐を食べることもできる。詩仙堂には坂をしばらく上っていかなくては、あの庭を見ることはできない。

坂道をのぼりながら見えるのは、寺院の壁の続きである。塀は、日本列島では敷地に合わせて作られることになっているから。坂道を上りながら見える塀は段差をなして続くことになる。大きな寺院の敷地は広く塀も大きく長くなる、塀の段差も際だつことになる。

寺院の多い京都ならではの風景である。

水平で方形に土地は使うもの、塀はその土地を囲うもの、日本列島の土地の使い方が作り出した風景でもある。

方形で水平な土地を囲う塀でも、御所の塀は段差なく続き御所を囲っている。より広い水平の土地の中を方形に囲っただけの塀だからである。

これが、水田であれば、段差をなして連なる中を畦道が山裾を走っている風景であるのだが、人々の多く住む都市では塀の段差の連なりが日本列島の都市のしかも、山裾の長い歴史をもつ集落の風景の特長ともなるのである。

湿地に自生する多年草、秋の七草

新しい土地を得ること。これが日本列島での主人公の第一条件である。そして、そこで新しい生業を成すこと。他人の土地を掠奪することなく、工夫して新しい土地を作り出すことが新しい生業の場所を確保することでもある。

博多も、江戸も、海辺の町は、海へ海へと新しい土地が広がっていったし、京都のように山裾の町は山を登っていったのである。あの平将門でも、博多では、他人が開いた港を奪い、それを利用するという方法を採らずに、新しい海辺に新しい港を開いたのである。

天下人の足利氏でも、徳川氏でも、京都では、王城の地の周辺やそのさらに外側にしか土地を得ることしかできず、その中心を侵すことはなかった。

自らの土地である江戸でさえ、徳川氏は、城の後ろの広々とした土地はほとんど使うことなく、海へ海へと新しい土地を広げ、その新しい土地で大江戸の生業が営まれたのである。

日本列島では、新しい土地、新しい土地の繰り返しで歴史が繰り返されてきた。このことを今まで繰り返し述べてきた。新しい土地を手に入れる方法は、時代により、場所によって異なりはするが、現在から見ればその時代に応じた位置に、人々は集落をなしている。

城下町の歴史は四百年、言い換えれば四百年以上の史跡はない。ということである。同じことは両土手を築いて作った河口の土地でも言えるし、片土手の土地でも作り出される以前の人々の生業の跡などあるはずがない。

山裾の川の側の氾濫地は有史以来となる。水害の始まりが日本列島の歴史の始まりだからである。

新しい土地で新しい生業をなすことをたどってきて、今、我々が目にしている風景にたどり着いた。新しいやり方とは、ありていに言えば、前のやり方を引き継がないということである。掠奪をしないで新しい土地を手に入れたものは、その正当性を述べる必要もないし、滅ぼした相手を弔う必要もない。

正当性を主張するために正史を編むこともなく、他の略奪者に備えて城壁を築くこともない。だから、新しい土地の人々は、もっぱら新しさばかりを強調することになる。

それは、前の時代の悪口を言うことであった。明治になって江戸時代のことをことさらに古い時代であったことをいうために、藩という行政団体の名称を使ったことは先に述べた。他にも古さのあれこれをあげつらいかくのごとく古いのですぞと強調し明治の新しさをいうのである。明治に限らず昭和の時代でも同じことであったのは記憶に新しい。

戦後の民主主義の時代となり戦前戦中の時代がいかに非民主主義的であったかを、世を挙げて悪口を言ったのである。曰く軍国主義、曰く大家族的封建的で個人の自由がなかった、など。あげつらう事々の数が多いほど、悪口が多ければ多いほど前の時代はそれだけ悪い時代になる。いわば、前の時代のことは全て悪いのである。

新しい時代は、日本列島ではかくもすさまじく始まるのである。前の時代を引き継ぐものはなにもない。奪ったり、奪われたり、取られたり、取り戻したり、土地をめぐり、人をめぐり、ものをめぐって繰り返される大陸の東や西では、そうすることの弁明や正当性の主張が繰り返されるのである。そのことが語り継がれるべき物語となり、その人々の歴史ともなる。

新しい土地には、その繰り返しはない。語り継ぐべき物語もない。土地は守らなくても欲しい人は、新しく開けばいい。同じ土地を奪い合うことなどない。

日本列島の風景は、時代時代に開かれた土地のつながりである。

人をほめ、土地をほめ、家をほめ、柱をほめる

ようやくにして、稲作の歴史を目の前にして、風景の変わり様が日本列島の人々が生業を成している場所とし現れた。

ところが、この風景の変化をもたらした川下りの他に風景を変えてしまったことがある。井原西鶴の『日本永代蔵』に大和の朝日の里の川端の九介の話がある。「巻五、第三、大豆一粒の光り堂」である。

牛さえ持たぬ小百姓の主人公、九介が勤勉と工夫、農具の発明によって大和きっての綿商人となり、八十八歳で空しくなるのである。話は、その子九之助が色遊びで親の身代を棒に振る次第と続くのだが、ここでは、九介さんが発明した農具を見ることにする。

鉄の爪をならべ細攫《ほそざら》えといふ物を拵へ、土をくだくに、是程人のたすけになる物はなし。此外、唐箕・千石通し。麦こく手業もとげしなかりしに、鉾竹をならべ、是を後家倒しと名付。古代は二人して穂先を扱けるに、力も入ずして、しかも一人して手廻りよく、是をはじめける。

（『日本永代蔵』日本古典文學大系、岩波書店）

細攫え。唐箕。千石通し。後家倒し。これらが九介の発明した農具である。
細攫えは、金ざらえともいい、麦や菜種の刈株を起こし土塊を砕きならすもの。
唐箕は、通し箕のこと。風車を仕掛けて穀物の実と籾殻・粃《しいな》を吹き分ける農具。千石通しは、上下二段の箱の下段に銅網を張って、落下する搗米から糠を分離させる農具。後家倒しとは、稲扱の俗称。木馬の背に竹の歯を植え並べた脱穀用具。従来寡婦の賃仕事であった稲こきを取り上げて失職させたという意味で「後家倒し」と名付けられた。古くは扱箸または扱竹を用いて脱穀した。

（『日本永代蔵』岩波書店「頭注」から）

これらの農具は最近まで使われていたものばかりである。後家倒しの竹の歯が鉄の歯に変わっていたぐらいの違いであった。

『日本永代蔵』は元禄元（一六八八）年に刊行されているから、川端の九介さんの活躍の頃は、それから五、六十年前のこととなろうか。その頃、米作りに大きな変化があったことを、九介さんの話として語られていると見ることができる。

戦国の世が終わり、江戸時代となり、三、四十年たった頃に米作りが変わったのは、今まで述べてきたように、川の下流域を両側の土手で管理するようになったからである。

広い平野ができ、そこに作られた水田で米作りが始まった時でもある。九介さんの話はその魁《さきがけ》なのである。

山裾の傾斜地は広くはない水田が段差をなして続き、川の側は少し広くなった水田が緩い段差で広がる。川の下流域特に河口域では水田は広くなり、ほとんど段差なしで、見渡すかぎり広がっている。

米作りが大規模になったのである。その新しい米作りが新しい水田で始まった時代である。米作りの水田が多くなり、農作業の量もそれだけ多くなる。

九介さんが発明したといわれる農具は、どれも大量に効率的に作業をすることができるものばかりであることを見ても、この頃から大規模な農業が始まり、それに役に立つ農具であることがよく分かる。

千石通しはそれを代表する名称である。この農具を使えば、一日千石の作業ができる、という意味で、あるいは願いで名付けられたのであろうが、千石もの大量の米を搗ることができる農具が必要となったのである。唐箕でも同様、自然の風を利用しての選別では作業は捗らない。風車で風を起こし選別をしなければならないのである。細攫えも後家倒しでも同様で、短い時間に大量に作業ができる農具なのである。大量の米を処理しなければならない農作業は、効率的にしなければ、いつまでも続くことになる。

米作りという仕事は、いつ始まり、いつ終わるのだろうか。言い換えれば、何をすることが始まりであり、何をしてしまえば終わりというのだろうか。

毎年繰り返される米作り作業は、春の田起こしから始まるとされる。水田の地均しである。水田の表面を水平にすることで、水を張った時に均等に水が被らなければならないからである。この地均しがうまくできていないと、苗を植えても、水が当たる苗と当たらない苗ができて、一枚の水田の中で、出来不出来の差がある稲となり、収穫に大きく影響することになる。

終わりは何をもって終わりとするか。

いつでも炊いて食べられる米がある。これが米を食べる人の理想とするところであろうが、その米を保存することが難しい。次の収穫までの一年間、いつでも炊いて食べられる状態で保存するとすれば、いわゆる精米にするまでが農作業ということになる。

精米で保存するにはそれなりの設備と装置がなければ美味しいままに保つことはできない。

食べる分だけ精米するのが美味しいご飯を食べる方法であるならば、玄米で保存することになる。この場合、玄米にするまでが農作業、精米は食事の支度。ということになる。であれば、籾摺りが最後の農作業ということになる。美味しいご飯を食べるためには、玄米での保存より籾のままの保存の方がいいとされている。

ところが、籾は玄米の二倍以上の量になる。その量を保管する場所も二倍必要ということになる。保管場所があれば籾で保管すればいいが、この場合は籾にするまでが農作業である。食事の支度が大変である。籾を摺り、精米をして、米を研ぎそしてご飯を炊く、美味しいご飯を食べるには手数がかかる。

当然のことながら農作業の手順を少なくすることは、食事の準備の手順を多くすることで、米を作ってからご飯を食べるまでの間の作業は増えもしなければ減りもしない。つまりは、いつ、その作業をするのかという違いだけなのである。

美味しいものは、手間暇かけて作るもの。という信念の人でも毎日のこととなれば話は別のこと、美味しくもあり、手間暇がかからずに食べたいものである。そうなれば、手間暇かけずに炊いてご飯にできるように米を保存しておくことになる。そうなれば、そこまでが農作業ということになる。

何をもって農作業の終わりとするかは、このように断定しがたいものであるが、稲が実り、収穫しなければならない時間は限られている。その限られた時間内に農作業つまり収穫と保存作業を終わらなければならないから忙しい作業となる。千石通し、千把扱き（後家倒し）のように一日に千石も作業ができ、千杷も扱ける農具を使って大量に処理しなければならない。

枝に鳴くのは鴬ばかりとは限らないのに

千石通しや後家倒し（千杷扱き）が九介さんの発明ということにされたのは九介さんの時代に使われ始めたということである。

河口の平坦地は広い。山裾の水田や中流域の水田に較べるまでもなく、一枚の水田の広さとその連なりは見渡すかぎりに広がっている。農作業の広さも見渡すかぎりのものとなる。収穫する米の量も増えるし、それだけ処理しなければならない農作業も増えることになる。

千杷扱き（後家倒し）を考えて見ると、この頃必要に迫られて登場した大量処理の農具であるのだろうが、それ以前にはなぜなかったのであろうか。必要ではなかったからである。

「後家倒し」と言われるように、それ以前は力の弱い女性のする作業であったのである。穂先を箸のようなもので扱く作業であったので女性でもできたのであり、むしろ穂先扱きは「おんな」の仕事と決まっていたのである。それが千杷扱の登場によって、「おんな」のしごとがなくなってしまったのである。

穂摘みから根刈りへ、稲刈りの方法が変わったからである。穂先だけを摘み取り穂先についている籾を箸のようなもので扱さぎ落とす作業から根から刈り取り束にして千把扱きで穂先の籾を扱く作業になったのである。千把扱ぎを使う作業は力仕事である。

穂先を摘むのは熟れた穂先だけしか摘めないからである。一株の中にも熟れたものと熟れるのが遅いものがあり一株丸ごとは刈り取れないのである。

それが丸ごと刈れるようになった。一株の熟れようが同じになったからである。おそらく一株だけでなく一枚の田が同じように熟れたはずである。この頃になって、一枚の田の稲が同時に刈り取れるようになったと見た方がいい。稲が同時に熟れないから、熟れた穂だけしか刈り取れない、だから穂先を摘み取り箸で扱くことで農作業ができたのである。

一枚の田の稲を同時に熟れさせる。稲の品質管理がこの頃から始まったのである。繰り返し述べてきたように、見渡すかぎりに広がった水田で大量に作られるようになった稲は大量に収穫することになり、大量に処理しなければならない農作業が続くことになるのである。

穂先だけを摘み取って箸のようなもので扱く作業では時間ばかりかかることになる。株ごと刈り取って、株ごと扱けばいい。そのためには株ごとに刈り取れるようにしなければならない。一株がみんな熟れていなければならない。品種の管理が始まったのである。

同じ時期に熟れる稲を、一枚の田で刈り取ることができれば農作業が能率よくすすめられる。ここでは出穂、結実の時期が同じくらいの品種の違いであろうが、それでも株ごと刈り取りができるようになったのは大きな工夫である。これで千把扱き（後家倒し）が登場すれば農作業はなお捗ることになる。

　とはいえ、広い水田の稲が同時に熟れると千杷扱きがあろうと、千石通しがあろうと農作業は追いつかない。大量の農作業を分散しなければならない。熟れる時期をずらすことである。早稲、晩稲、中晩稲に分けて管理することである。こうすれば農作業を分散することができる。分散するのは収穫作業ばかりではない。農作業の始まりである春の田均しから順序立てて手をつけていく田を決めることができる。

　さらには、水が早くあたる田には早稲を、遅くにしかあたらない田には晩稲を、水も日あたりもいい田には収穫量の多いものを、日当たりの悪い田には収穫量は少ないが美味しいものを。

　水田の情況にあった品種を植え付け収穫するという、現在の米作りと同じことがこの時から始まった。このことは限られた人数を大量の農作業に投入できるという農業経営的にも大きな利点もたらすものとなり、いわばこのことによって大規模農業経営が可能となったのである。農作業の分散は危険の分散にもなり、大規模農業経営の有利さが際だつこととなる。

　米作りはお天気次第とよく言われる。農作業の分散がお天気に左右されない米作りができることにもなったのである。

　春先の天気は良くはなかったが、梅雨明けからは良い天気が続いたという時には、晩稲がよくでき。春先には良い天気であったが、梅雨がいつまでも明けずに日照りの日が少ない時には早稲が影響が少ない。お天気任せだとはいえ、その被害をできるだけ少なくすることも、植え付けの時期をずらし、収穫の時期をずらすことで分散することができるのである。

早稲の収穫は少なかったが、晩稲の収穫は悪くはなかった。あるいはその逆であったりしても全滅することはなくある程度の収穫は確保できる。農業経営ばかりでなく、生業を成す上でこころすべきことも同じであるが、最悪の場合でも最低限生き延びることはできるという状態だけは確保しておくことである。最悪でも全滅はない。これを常に念頭においておくことが経営者の必須条件である。

稲作りが経営として成り立つようになった。以来米作りはこの方式を変えることなく続いてきたのである。

裏葉が見えるのは風が強いから

千杷扱き（後家倒し）や他の大量処理のための農具を発明し、大儲けをした九介さんの話が載っている『日本永代蔵』は元禄元（一六八八）年に世に出ているから、元禄が始まる年にはこれらの農具はすでに農作業の主力として活躍していたことになる。ところが、大和川の付け替え工事は、宝永元（一七〇四）年であり、そのほかの河川工事もこの頃から盛んになるのである。大和川は付け替え工事によって文字どおり河内の国が陸地の国になったことはすでに述べたが、その陸地はとりもなおさず水田のことである。

この水田こそが九介さんが発明した農具が大いに活躍するところであるはずである。それとも、この頃よりも前に広い水田があり、株ごと刈り取れるような米作りができて九介さん発明の大量処理農具が活躍する場面があったのだろうか。

江戸時代になって、家康から与えられた土地に入り、すぐに埋め立てを始めた柳川の立花氏などがあるが、これは例外といえるほどのもので、ほとんどの埋め立てや河川改修は大和川と同じように元禄年間頃から始まっている。

であれば、大和川の付け替え工事の前に九介さんはどこで大儲けをしたのだろうか。広い水田はないことはなかっただろうが、見渡すかぎりの水田の風景はなかったはずである。ここは、書かれたものと、それを読む人との関係を考えて見た方がいいようである。

物語にしろ、伝承にしろ、書かれたものを読む人は自らがおかれている環境によってそれを読む。目の前には広々と水田が広がっている中で想像するのであるから、物語の主人公の活躍した時間は考慮することなく目の前の風景で納得してしまう。さらには九介さんが発明したという千把扱（後家倒し）や大量処理のための農具を見て益々ありそうな話であるという思いは強くなる。

黄金の波が揺れる稲穂が日本列島の秋の実りの風景であると風景の研究を始めたが、見渡すかぎりの黄金の波は稲作の始まりと共に始まったのではなく、九介さんが発明した大量処理の農具で大儲けをする時代になって見られるようになった風景であったのである。

始まりの前、終わりの後

野辺の若菜も年をつむべき

今は山中、今は浜
今は鉄橋渡るぞと
思う間も無く、トンネルの
闇を通って広野原

（「汽車」文部省唱歌）

日本列島に汽車が走り出して四十年ほど過ぎている。

トンネルの闇を通って広野原に出て、鉄橋を渡ってという鉄路は、風景と人々の集まりを研究しながら川を下ってきた、その方向とは違う方向にのびている。

それまでの方向は水田が川を下ったように、人も物も川を下りそして上ることが物の動きと人の動きであった。したがって、川船が流れを溯り、流れを下るのが主な交通手段であったのである。

ところが、汽車は川を上り下りするのではなく鉄橋を渡るのである、そしてトンネルを通って浜を走り山中を走るようになったのである。
日本列島に汽車が走り出したのが明治の始め、汽笛一声新橋を離れて走り出してから文部省唱歌「汽車」の明治四十四年は四十年ほどたっている。主要な都市はほとんど鉄路で結ばれている。

一
汽笛一声新橋を
はや我汽車は離れたり
愛宕の山に入りのこる
月を旅路の友として

（二～六四、省略）

六五
おもえば夢か時のまに
五十三次はしりきて
神戸のやどに身をおくも
人に翼の汽車の恩

六六
明けなば更に乗りかえて
山陽道を進ままし
天気はあすも望あり
柳にかすむ月の影

（鉄道唱歌、東海道編、大和田建樹作詞）

東京（江戸）から京都までが東海道五十三次であったはずが、新時代の鉄路の東海道は神戸までとなる。明治三十三年には、さらに山陽道も開通しており、更に乗り換えて進むこともできるようになっている。

「汽車」の頃、つまり、明治四十四年には東海道や山陽道のように沿岸を走る主要な鉄路だけでなく、「山中」を走る鉄路までもが開通した。言い換えれば明治の間に日本列島の主要な鉄道網ができあがったことになる。近代工業国家の基礎である交通網ができたのである。

それ以前、つまり江戸時代までの交通手段は歩くことであり、荷物は船で運んでいた。船は川を上り下りすることで人と物を移動させていた。川を下っていった荷物と人は城下へ集まる。これが長い間の物と人の流れであり、江戸時代の中頃からは他領域にも運ばれるようになるのだが、その動きはゆったりとしたもので、船の動きに合わせての早さでもあった。

明治時代になってより早く、より遠く、より大量に運ぶための交通網が近代工業国家建設の大動脈となるのである。

それともうひとつ、江戸時代と明治になってからの大きな違いは、明治の鉄路の行き先は東京であるのに、江戸時代の船は領国の中心である城下がその行き先であったのである。

物と人の流れが東京へ向かうようになり、日本列島の近代が始まったともいえるのである。交通網が整うにつれてますます物と人の動きは盛んになり、産業国家の建設は更に進んでいくことになる。

日本列島の交通網は以来次々と整えられ続けられることになる。鉄路は汽車が大きく速くなり、ついには新幹線が登場した。少し遅れて主力となっていく自動車は道路が整備されるにつれて人々の生業に無くてはならない物とさえなった。

明治になって交通網が整備され、物と人の動きが活発になり、便利な世の中になったとよく言われるのだが、江戸時代の交通網と較べてみると、物と人の量と早さが変わっただけで基本的には大きくは変わってはいないことが見えてくる。

名はむつましきかざしなれども

よく分かる図が手近にあるので、それを見ることにする。「時刻表」の「東京付近拡大図」である。

四通八達とはこの図のことをいうのであろう。ＪＲをはじめ私鉄各線が東京（山手線）に乗り入れている。近郊から東京に行くには便利である。

ところが、東京（山手線）以外に行くにはそうはいえない。小田急線の成城学園前から京王線のつつじヶ丘に行くには、小田急線で新宿に出て京王線に乗り換えてようやくつつじヶ丘にたどり着く。「拡大図」ではすぐ隣にあるのにずいぶん時間がかかることとなる。むしろ、土地勘のある人なら歩いて行く方が時間はかからないかも知れない。

歩かないでもいいようにバス路線があるのだろうがこの「四通八達図」では分からない。これは東京ばかりでなく「大阪付近拡大図」でも「名古屋付近拡大図」でも同じことのようである。網のすき間は歩くかバスや地下鉄で補うことになるのだろうが、バス路線も地下鉄路線も「四通八達図」でできている。

「時刻表」の「索引地図」は「四通八達図」ばかりが続いていることになっている。

東京や大阪や名古屋は鉄道の「四通八達図」と地下鉄の「四通八達図」、さらにはバスの「四通八達図」が重なり合い「交通網」の網の目は細くなり、歩いたほうが時間もかからないということになる。バスの「四通八達図」しかない都市では、市街地の中心部へ行くバスしかない。「東京付近拡大図」の縮小版である。

行きたいところに、行きたいときに、時間を短縮してそこに行き着ける。これが便利な交通網のはずである。

「四通八達図」は中心から八方へ行く図であるから、中心以外の人々は、その恩恵には与れないことになっているのである。

このことは、明治になってからのことではない。江戸時代も同じような交通網になっていたようである。この場合船であるが、川を下っていった船はすべて城下に向かっていたのである。そして、城下を出た船は大坂に向かったのである。

考えてみれば、近代国家明治になっても船だけの交通網が、汽車や車にはなっても「四通八達」網は変わらなかったのであり、その時の中心地に物と人の流れが向かうようにしかなっていない。

物と人を運ぶ交通手段が船だけであった江戸時代でも、船が途絶えても城下は困ることはない、八方からの道のひとつが途絶えるだけであるのだから。

飢饉は船は途絶えなくても、運ぶ物が途絶えることである。この場合、運ぶ物は米であるが、米を運ぶ船が八方から来るのが城下である。いくつかの船が途絶えても城下に米が着かないことはないのである。だからであろうか、江戸時代半ば過ぎに頻発する飢饉の時の餓死者の数が、米の生産地の方が多く、消費地のほうが少ないということは、四通八達の交通網が人も物も中央に向かっていることを表しているのである。

先に見た『日本書紀』の欽明天皇の条を思い出して見ると違いがよく分かる。

廿八年、郡國大水飢。或人相食。転傍郡穀以相救。

大水で人相食うほどの飢饉であったが傍《かたわら》の郡から穀《たなつもの》を転《はこび》て救ったのである。『日本書紀』の記述が史実には基づかないものであるにしても、食べるものがないところには近隣からそれを転んで救った、ということが天皇の徳の高さを現すために書き残されたものであれ、それを信じるだけのものが背景としてなければならない。

六世紀の天皇の徳のお陰で救われた人々も十九世紀の領主からは救われることはなかったのである。その十九世紀はそれぞれの大名領国で「四通八達」の交通網ができあがるのである。その交通網は傍の穀を転ぶためのものではなく、荷物と人は城下にしか届かないのである。

明治になり、荷物と人を運ぶものが船から汽車にはなったが「四通八達」の交通網は変わらない。変わったのは早さと運ぶ量が増えたことと、もうひとつ、こちらのほうが影響は大きいのだが、行く先が城下から東京になったことである。

つまり、明治の近代化とは領国の数だけあった「四通八達図」が東京を中心とする「四通八達図」になったのである。以後、日本列島の交通網は東京へ向かうことになる。鉄路はもちろんのことだが、その後に登場した自動車の道路も、飛行機の路線も皆、東京に行くことになっている。

このことは、日本列島の近代だけでなく、古代においても中央への道が整備されたことは、よく知られているところであるが、それらもまた奈良へしか行けないものであったのである。

さきに見た、欽明天皇の条は、都への道が整備されてはいないから、「転傍郡穀以相救う」ことができたのだとも読むことができる。いや、むしろ、そう読むほうが当時の中央と地方の様子がよく見えるのだと思われる。

日本列島だけのことではなく大陸でも同じようなことが見られるようである。「全ての道は羅馬《ローマ》に通ず」はよく知られたことであるが、これもまたローマにしか行けない道である。この道がうまく機能しているときは、道の集まるところ、つまり、帝国の中心も隆盛であるが、衰えると共に道も機能しなくなってしまっている。洋の東西を問わず道の意味するところは同じようなもののようである。

もうひとつ同じことは、これらの道が中央の側から語られていることである。だから帝国の中央は八方に道が通じて人と物が集まるところとなる。

この道とは異なる道がある。二つの場所をむすぶ道である。

椎の葉に盛ったり、柏の葉に盛ったり

ようやくシルクロード（絹の道）にたどり着いた。

東西の文明をむすぶ道といわれ、人と物の多くが行き来した。東には唐が西にはローマが東

西を代表する大都市があり、唐やローマでは四通八達の道のひとつであるのだが、そのひとつが東西をむすぶ道であり、中国の物を書く人たちにとっては東の戎や南の蛮に較ぶれば、ほんの少しばかり文明度の高い方角であるというほどのものであったであろうか。

もともと、中国には道はないようである。

阿耆尼国は東西六百余里、南北四百余里ある。……西して平坦な川沿いの地をわたり、行くこと七百余里で屈支国に至る。

屈支国は東西千余里、南北六百余里ある。……これより西へ行くこと六百百余里、小さな沙漠を通り跋祿迦国に至る。

跋祿迦国は東西六百余里、南北三百余里ある。……この国の西北へ行くこと三百余里、石の多い砂漠をすぎ凌山についた。……山を行くこと四百余里で大清池についた。……清池の西北に行くこと五百余里で素葉水城に至る。……これより南へ行くこと四、五十里で奴赤建国に至る。

『大唐西域記』(中国古典文学大系、平凡社)の冒頭部分である。方角と距離、そしてその国の大きさ、さらに、方角と距離、そしてその国の大きさ、これがインドを遊歴し帰路のシルクロードの楼蘭まで続くのである。さらにここより東北へ行くこと千余里、「納縛波の故国に至る」。即ち楼蘭の地である。かくして、玄奘の取経物語は終わる。

方角と距離、そしてその大きさ、その事情。この繰り返しの「旅日記」の記述方法は『大唐西域記』だけのものではない。我々に馴染みの深い史書もそうなっている。いわゆる、『魏志倭人伝』である。

倭人は帯方の東南大海の中にあり、山島に依りて国邑をなす。旧百余国。漢の時朝見する者あり、今、使訳通ずる所三十国。

方角と距離が次の条から始まり、いわゆる「邪馬壱国」(『魏志倭人伝』岩波文庫、第七十二刷)にたどり着くことになるのだが、方角と距離そしてそこの事情だけでは「邪馬壱国」を特定するには至らないのは日本列島の物を思い、考える人たちにとっての常識となっている。

これを後の「旅日記」にくらべると記述の方法が異なることがよく分かる。

伊勢は西へ五百余里、という具合に始まるのであろうか。伊勢までの旅の途中の人や風俗を面白おかしく書かれたのが『東海道中膝栗毛』であるが、これ程多くの事件や人々が、あれやこれやのかかわりをしてくれれば、場所を特定する材料も多くなるのであろうが、中国の史料はそうではなく、実に簡略である。もちろん、時代も違うし、場所も違うから書き方や認識を変えたからといったところで「邪馬壱国」がすぐに分かるような史料になるということにはなるまいが。

『魏志倭人伝』、『大唐西域記』では時代が離れすぎているとはいえ、その他の史料も同じ記述によっている。『魏志倭人伝』の頃の史料を岩波文庫から拾ってみる。

倭は韓の東南大海の中にあり、山島に依りて居をなす。凡そ百余国あり。武帝、朝鮮を滅ぼしてより、使駅漢に通ずる者、三十許国なり。

（『後漢書東夷伝・倭』）

倭国は高驪（高句麗）の東南大海の中にあり、世々、貢職《みつぎ》を修めている。（『宋書倭国伝』）

倭国は百済・新羅の東南にある。水陸三千里、大海の中において、山島によって居る。魏の時、訳を通ずるものが三十余国、みなみずから王と称した。

（『隋書倭国伝』）

これらを見ていると、目的地までの方角と距離、そして目的地の事情だけで道中がない。シルクロードは中国の西の方沙漠の中を通る道であるから、名勝地や人々が集まっている所が多いはずはないが、それにしても、次の目的地までの距離は遠い。

人が住むには過酷な環境であるから沙漠というのであるが、人々が住みつく所は限られた所になる。その限られた場所をむすびながらインドまでの旅日記であるから、立派な道中記であるといえなくもないのだが。

中国でも、江戸でも、おそらくローマでもそうであろうが、出て行く話ばかりで、来る話はない。『大唐西域記』でも、『東海道中膝栗毛』でも、かくして長安にたどり着けり、このようにして江戸に着いたということは書かれてはいない。

書いた人が長安の人であり、江戸の人であってみれば、読む人もまた長安の人であり、江戸の人である。「四通八達」の中心にいる人たちである。

「四通八達」は中央の文明が遍く行き渡ることができるようにすることであるから、中央から出ていくことはあっても、来て影響を及ぼすようなものはない。というのが中華思想であるから、来た者の記録が残されることなどはない。

皇帝の言葉と時のはかり方を使う者であれば誰であれ中華文明に浴することができるのであるから、どこからどんな風に来たかは書き残すほどのことではない。

漢の時朝見する者あり、今、使訳通ずる所三十国。（『魏志倭人伝』）

武帝、朝鮮を滅ぼしてより、使駅漢に通ずる者、三十許国なり。（「後漢書東夷伝・倭」）

世々、貢職（みつぎ）を修めている。（『宋書倭国伝』）
魏の時、訳を通ずるものが三十余国、みなみずから王と称した。（『隋書倭国伝』）

倭の使者が、困難をおして帝国の王宮にやって来たかは記されてはいない、むしろ王宮で礼をつくしたかどうかが記されている。

帝国の偉大さを書き残すのが史書であるから、東の彼方に倭があることは、その広さを示したにすぎないのである。その倭でさえ使訳通ずる所が三十国もあるよ（『魏志倭人伝』）、世々、貢職を修めているよ（『宋書倭国伝』）。

これは東ばかりでなく、北や南でも、西の方でも同じことである。ところが北や南はその彼方に狄や蛮がいるから、東夷の倭と同じように帝国の恩恵の広がりを、方向と距離そしてそこの事情という記述ができるが、西の方はそうはいかない。西の彼方は沙漠である。その沙漠のさらに向こうには使訳通ずる所もなければ、世々、貢職を修める国もない。それでも、時に人が来て、物も来る。

それを「シルクロード」といい、後の時代になって名前がついた。今、この言葉を使うと、中国と欧州をむすぶ道であることを知っている。この道を行き来して人と物が行き交ったことも知っている。

「絹の道」と名付けたのは西の方の人で、しかも後の時代になってからである。道は人と物が行き交う役割から、交易することへ変わって認識されるようになってからである。帝国の恩恵の行き着く果て。広がりを語るその材料としての扱いから、物と物との交換が人の生業の役に立つ、という交易路としてとらえられるようになってからである。

皮肉なことに、交易路として名付けられた時には「シルクロード」はその役割を海の道にとって変わられた後であるのだが、それでも、かつては東西をむすぶ重要な道であったと語られ始めるのである。

名前を付けるとはどういうことなのであろうか。この場合は沙漠の中を通り人と物が行き交ったことが長い間続けられたことを、この名前で言い表すことができる。

絹がやって来た道であると。中国の絹が西の方ではあこがれをもって待ちこがれたであろう様子が思いうかべられるし、「絹の道」と命名された顚末もよく分かる。貴婦人たちを飾り立てた「絹」は沙漠を越えてはるかな東の彼方から来たものであると。

このことは中国の側からはそんなことがないことから見ても、東西の思い入れの違いがはっきり分かる。西からだけでなく、東からも北や南からも中華にはやって来るのであるから、西からの物をことさらに待ちわびることなどない。ましてや名前など。

西側からの名付けではなく、東側からはどう名付けるだろうか。今の我々であれば仏様の来た道であることを知っているから、「仏様の道」とでも名付けるのだろうが。

名前はかくのごとく、名付ける人と、場合によってまったく違う名前になる。

山裾の風にのってかすかに聞こえる

山を挟んで人々の集落があり、一方の集落の人々がその山を「西山」と名付けた。事実その山は西側にあるのだが、その山の向こう側の人々も「西山」と呼ぶ。東にあるのに「西山」なのであるが、ここでは二つの人々の集落の力関係を考えなければならないだろう。

力関係ばかりでなく、どちらがあこがれの地であるかも名付けの大きな要素となる。峠を越えて行き来する二つの集落がある。峠の名前はあこがれの地へ行く名前となる。仮に賑町と寂町とすれば必ず賑峠、あるいは賑越となる。寂峠や寂越となることはない。

あこがれの地で、しかも力関係も上位であれば、そこに住む人はそのまま名前を付けることができるようである。

北山杉、東山、西京極など方角はすべて御所が基準である。

深草少将という小野小町のもとに九十九夜通ったという悲恋の人物がいる。その人となりは知らないが、深草という名前からして、京の人々が田舎振りを揶揄した命名であることはうかがえる。

人の名前ではないが、東京に浅草寺がある。草深い田舎というほどではないが、殷賑の中心ともいえない。ほんの少しばかり田舎であるという命名であれば、おしゃれな名付けであると思える。

琵琶湖の側に草津市がある。これが群馬県の草津温泉の草津であればひとつの地名であるということですむのだが、大津市と隣合わせとなると、そうはいかない。一方は立派な港、もう一方はそうではない港。さらには一方は貴重な物と人を、一方はそうではない物と人が使う港、という具合につい較べてみたくなる。もとより地図を見ながら字面の上でのことであるから大津市と草津市の違いがそうであるかどうかは何らかの裏付けがあってのことではない。むしろ、地名の場合は表記されている漢字よりも、発音の方が土地のなりあいを残していることがある。

大分県の筑後川上流に、前津江村、中津江村、上津江村がある。このうち中津江村はサッカーワールドカップの時、待ちぼうけで名前が知られることになったが、ここは使われている漢字からでは意味が通じない。津は港である、江は水たまりである、と判断してみてもおよそそれらとは縁のない山の中である。ここは音で判断しなければならないのである。

「つえ」が意味をもつのである。つえはこの地方の方言であるから辞書(『広辞苑』)にはない。強いて辞書の言葉でさがせば「ついえる」が近い意味になろうか。

ついえる【費える・弊える】〔自下一〕↓ついゆ〔下二〕
ついゆ【費ゆ・弊ゆ・潰ゆ】〔自下二〕①へる。乏しくなる。②いたずらに経過する。③やせる。おとろえる。つかれる。④くずれる。潰走する。

ついえ【費・弊】（動詞ついゆの連用形から）①くずれやぶれること。悪くなること。②つかれ苦しむこと。③かかり。費用。入費。④無用の入費。損害。

辞書の意味からすれば「くずれる」「へる」の意味になる。例をあげる。

風船がつえる。といえば、膨らんでいた風船が空気が抜けて緩くなる状態で、抜けてしまってはいない。だから、シャボン玉が消えるときには使うことがない

近くに杖立温泉があり、弘法大師が旅の途中で杖を立てた所から湯が出始めたところから、杖立温泉という言い伝えがあるが、「つえ」の意味からすると「つえたて」は、ご飯の炊きたてや洗濯物の洗い立てのようにくずれたばかりという意味になる。

くずれたてかその前からくずれていたかはおくとして、中津江村を流れる川と、杖立温泉を流れる川が合流するところにダムができてずいぶんたつが、このダムが満水になったことはない。

水が漏るからである。ダムももちろんだが、川の流れを止める時には、ダム本体や井関本体が水漏れしないことよりも周辺が水漏れしないことが肝要である。ところが崩れやすい地盤に水を溜めても漏れを止めることはできない。

このダムを造るときに大きな反対があったが、その反対の理由の中に地盤の悪いことがあった。地名がそのことを伝えてくれていたのである。

地名が教えていることや反対する人たちの言うことに、耳を傾けずにダムを造った結果が満水にできない物であったのである。「つえ」が方言ではなく東京の人にも理解できる言葉であれば水漏れするダムなどできなかったであろうか。

言い伝えや地名の意味などは何の裏付けもないし、科学的な史料に基づくものでもないから信用できないと思いこんでいる人たちにはもともと聞こえはしないことであろう。文字、特に漢字を知りその意味を知っている人は、漢字の意味で考え、その裏付けとして科学的資料を判断材料とする。

科学は知っていることを確かめるのに役に立つ。科学的であることが近代社会の風潮となっているから、科学だけが信用するに足りるものとなってしまっているから、科学的根拠のないものは役に立たないことになった。伝えることがありながらそれが聞けない状態は、科学的な方法で解決できることではない。素直に耳を傾けるしかない。

庭先の叢から聞こえる虫の音

シルクロードに戻ろう。沙漠の中の道を通って中国に来たものに仏教がある。西側からが「絹の道」といわれるならば、中国の側からは「仏の道」とでもよぶ方がいいほど、仏教は中国に大きな影響をもたらした。その影響は、さらにその東の日本列島にも届いた。

日本列島の仏教は中国から朝鮮半島を通って来た。だから日本列島の仏様は沙漠を越えて来た仏様なのである。

その仏様が、立っている仏様と、坐っている仏様がおられ、日本列島の仏様は坐っている仏様が多い。もちろん、ここでいう仏様は仏像のことであるが。いくらかの例外はあるがお地蔵様や観音様は立像が多いが、お釈迦様は坐像ばかりである。

日本列島の仏様が坐っておられるのは日本列島だけの特徴ではないようで、朝鮮半島や中国にも多いようである。その他のところでは立っておられる仏様がほとんどであるようである。

沙漠のなかをわたって来られるうちにどこかでお坐りになり、そのままの姿で中国から朝鮮半島を通り日本列島に来られたのであろう。

シルクロードの始まりといわれる敦煌の近くに莫高窟《ばっこうくつ》がある。莫高窟は五百ほどの窟があり窟の中に仏教画が描かれていることでよく知られている。

窟は大小さまざまで、中には涅槃像もあるから必ずしも同じ形ではないが、涅槃像以外の窟は決まった形になっている。正面にお釈迦様がおられ、その脇に弟子たちがいる。

お釈迦様と弟子たちの違いは、お釈迦様は坐り、弟子たちは立っているということである。周囲の壁画には立っている画しかない。

坐りかたは椅子であったり、蓮台の上であったりするのだが坐っているのはお釈迦様以外にはいない。蓮台の上の坐像は後の時代の作であるそうであるが、時代は違っても坐っているのは必ずお釈迦様である。

坐っている人と、立っている人。これが入れ替わることはない。これは宮廷での形である。皇帝は玉座に坐わり、臣下の者たちは立っている。これが入れ替わる時は王朝が潰れるときか、玉座の人が簒奪されるときである。

莫高窟は長い間に五百も作られ壁画も描かれてきた。それを作り壁画を描いた人は、この宮廷の姿を知っている人である。宮廷では皇帝は絶対の権力者であり、他の者が坐ることなどあり得ないことも知っている。

窟の中もこれに倣って描かれている。そう見るとどの窟も、お釈迦様は必ず坐り、弟子たちは必ず立ち、坐ることは決してないことが分かりやすい。お釈迦様の場合は絶対権力者というわけではなく、取り替えの効かない人としての形と見なければならない。

ここでも、坐っている人と立っている人は絶対に交替することはない。それ程にお釈迦様の教えは尊く、ありがたいことなのである。お釈迦様の尊さを現すとすればこの形を借りて描くのが分かりやすい。

沙漠をわたって来られたお釈迦様は、ここ莫高窟でお坐りになったのである。

お坐りになったお釈迦様が中国から朝鮮半島を通って日本列島に来られたのである。中国の王宮は椅子の玉座であり、立って皇帝と対面する。この対面の作法に、先にふれた平伏の態度もある。

日本列島で平伏の作法が神社の祭りの時の神主にしか見られないのは、日本列島では床の上で坐っての作法であるからである。この点では日本列島の作法は立っての作法がなくなっている。坐っての作法が定着することになった。

坐って対面する作法は貴い人が椅子に坐るのではなく、同じく床には坐るが高い床に坐ることになる。この一段高いところを玉座といい、立つ作法の椅子を玉座ということとは異なることになる。この坐る作法のところに坐った仏様がお着きになったのである。

いうまでもないことであるが、床の上で立居振舞をするには立ったままでは納まりが悪い。立った仏様より坐った仏様のほうがなじみやすいことになる。

蓮台にお坐りになった仏様が多くなる。お坐りになっているのはお釈迦様だけのようで、観音様はお立ちの像ばかりで、地蔵様も道ばたに立っておられるのをよく見かける。立つことと坐ることとはかくのごとく厳然と差異があり、これもまた入れ替わることはない。

日本列島では床の上での立居振舞であるから誰でも坐っていることになるが、尊い方や唯一者は一段高いところにお坐りになる。

仏教が日本列島に始めて伝わったのは六世紀の半ばであるといわれている。この頃の人々が床のある建物で立居振舞をしていたかどうかは定かではない。人々といわず、大王が朝議を床の上で行ったかどうかである。

藤原京が床があったのではないかといわれる最も早い例である。遺跡の発掘は柱穴や礎石の確認はできるが、床があったかどうかの確認は難しい。

ふじわらきょう【藤原京】持統天皇朝の六九四年から文武天皇を経て元明天皇朝の七一〇年平城京に遷都するまで、三代一六年の都。奈良県橿原市高殿《たかどの》を中心とする、大和三山に囲まれた地域。藤原宮の遺跡は高殿にあり、広壮な大極殿・朝堂《ちょうどう》院など諸堂の礎石が残る。（『広辞苑』）

『日本書紀』の記述が持統天皇まで、『続日本紀』の始まりが文武天皇からであることはご存じのとおり。『日本書紀』と「続日本紀」の正史の違いが建物の床の有り無しにかかわりが有るかどうかは分からないにしても、『続日本紀』が語る文武天皇の事績に「初めて」という言葉の付く事績が多いことが気になる。

事績の多くが『日本書紀』にも見られる事柄であるのに、あえて『続日本紀』が「初めて」と書くのは、従来の床無しの作法を床の上での作法に改めたことをいうのではないのだろうか。

『続日本紀』文武天皇の「初めて」については様々な解釈がなされてきた。そのひとつに中国の史書に「倭」から「日本」に国名を変えたとあることから、倭王朝から大和王朝に交替したからであり「初めて」の記述は大和王朝の初めてということである。これだと大和王朝は文武天皇から始まりそれ以前、つまり『日本書紀』の大王や天皇は倭王朝の大王や天皇であることになる。

さらには、文武天皇の時に「大宝」という元号が始まり、以後「平成」の今日まで続いている。これをひとつの例として、王朝の事績の数々を文武天皇から始まったとする見方である。他にも様々の解釈があり定説はない。ここは初めて床のある王宮ができて、床の上の作法を定めたと見れば、事績と建物の発掘の不整合はない。

床のある建物が藤原京から始まり、床の上での作法が始まった。以後、床の上で坐っての作法が日本列島に定着する。

お坐りになったお釈迦様が落ち着くところは日本列島にあったのである。莫高窟でお坐りになりはしたが、中国も朝鮮半島も椅子に坐る作法である。椅子から蓮台に坐わり替えになったのが日本列島でのことかどうかは別にして、床の上での作法の中では椅子に坐ったのでは納まりが悪い。


けっかふざ【結跏趺坐】(「跏」は足の裏、「趺」は足の表、足の表裏を結んで坐する円満安坐の相) 如来または禅定修行の坐相。足背で左右それぞれのももを押さえる形で二種ある。右の足を左のももの上安んじ、左の足を右のももの上に安んじ、両趺《りょうあし》を組み合わせて坐するのを降魔坐といい、この反対を吉祥坐という。蓮華坐。

(『広辞苑』)

蓮台の上の結跏趺坐のお釈迦様を見て、精神の安寧を得るのは坐して拝することになっている。そして、尊い方は一段高いところにお坐りになることが日本列島では今日まで引き続き伝えられて来た作法となる。

霧は山あいから山裾に降りてくる

時は流れて江戸時代は元禄の頃。主君を失った浅野家の家臣たちがお城の大広間に集まり後の身の振り方について話しあっている。家臣たちは坐り侃々諤々《けんけんがくがく》。意見が出尽くしたところで家老が立ち上がり、意見を集約して断を下す。

「忠臣蔵」でお馴染みの場面である。床の上では坐って対面するし、坐って話し合う。意見を取りまとめる家老は立ち上がる。床の上の作法はこうなる。

さらに時は流れて平成の現在である。官房長官が立って政府発表を読み上げ質問に答えている。質問する記者は椅子に坐っている。この場面は「忠臣蔵」と同じである。記者たちが床の上ではなく椅子に坐っている。

椅子に坐って話を聞くということは明治の近代化からのことである。椅子の作法がまだ馴染んでないと思われる場面である。多くの人が坐り、意見を言う人が立つ。

フランスでは大統領が椅子に坐り記者会見をしている。記者たちは立ったままメモを取り質問する。この場面こそが宮廷の椅子の玉座に坐る人と、その人に対面する人との関係のはずである。古い映画でもそうなっていた。昨日まで市内を一緒に走りまわっていた二人が、某国の王女と新聞記者と分かってからは、王女は椅子に坐り新聞記者は立ってメモを取り質問をする。王女がおられる国の作法はかくの如し。

王女がおられたこともなく今もおられないところでは大統領も立ち、記者たちも立っている。日本列島の仏教はお釈迦様は蓮台に坐し、それを床の上に坐して拝することが作法となった。莫高窟ではお釈迦様は椅子に坐り、弟子たちは立っている。

キリストは弟子たちと共に歩き、共に坐って晩餐を摂る。ここでは立つことと坐ることの差異はない。山上の垂訓もキリストも立ち聞く人たちも立っていたように聖書では読めるのだが。イスラムでは地面に跪き神を拝する。床の上で跪くことよりも地面で跪くことのほうがより敬っているとか、尊い話を立ったまま聞くのか、坐って聞く方が有り難さが増すこともなかろうが、敬う作法の違いであり、較べるものではない。

有難い話も聞きようによっては

渡邊には大名小名よりあひて、「抑ふないくさの様はいまだ調練せず。いかゞあるべき」と評定す。梶原申けるは、「今度の合戦には、舟に逆櫓をたて候ばや」。判官「さかろとはなんぞ」。梶原「馬はかけんとおもへば弓手へも馬手へもまはしやすし。舟はき（ッ）とをしもどすが大事に候。ともへに櫓をたてちがへ、わいかぢをいれて、どなたへもやすうをすやうにし候ばや」（『平家物語』巻「第十一逆櫓」日本古典文學大系、岩波書店）

渡邊　今の大阪市浪速区付近であるが、当時は海が入り込んでいて、その辺が難波の堀江の河口であった。（頭注）

平家を攻め落とせと院宣をうけた義経が「渡邊にふなぞろへ」して平家との舟合戦に備えての作戦会議である。ふないくさに調練していないから舟に逆櫓をつけて、馬が動きやすいように、舟も動きやすくした方がいい。と梶原が提案する。

判官の給けるは、「いくさといふ物はひとひきもひかじとおもふだにも、あはひあしければひくはつねの習なり。もとよりにげまうけしてはなんのよかるうぞ。まづ門でのあしさよ。さかろをたてうとも、かへさまろをたてうとも、殿原の船には百ちやう千ぢやうもたて給へ。義経はもとのろで候はん」

作戦会議であるから、どうしたら敵を負かすことができるか、を話し合うはずが、ここでは梶原と義経の対立の始まりの場となっている。『平家物語』を読む人は、後に二人の対立がのっぴきならないものになっていくことを知っている。『平家物語』を書く人も、語る人も、読む人も、聞く人もそれを知っていることは分かっていながら、物語を続けていくのである。

動きやすい舟にするために逆櫓をつけた方がいい、という機能的なことにすぎないのに、引き下がることを初めから想定していくさをするなど何事かと、いかにも大人げない。

梶原申けるは、「よき大将軍と申は、かくべき所をばかけ、ひくべき處をばひいて、身をまへ(ッ)たうして敵をほろぼすをも(ッ)てよき大将軍とはする候。かたおもむきなるをば、猪のしゝ武者とてよきにはせず」と申せば、判官「猪のしゝ鹿のしゝはしらず、いくさはたゞひらぜめにせめてか(ッ)たるぞ心地はよき」と給へば、侍ども梶原におそれてたかくはわらはねども、目ひきはなひききらめきあへり。判官と梶原と、すでにどしいくさあるべしとさゞめきあへり。

舟は潮の流れをつかんだ方が勝ちである。ふないくさに調練していないとはいえ、陸の上では風ならば風上、傾斜地ならば高い方、日差しがあればそれを背にした方が有利であり、その上「馬はかけんとおもへば弓手へも馬手へもまはしやす」ければ、なお有利である。

そのことをよく知っているから、舟も動きやすくするために逆櫓をつけたがいいと提案しただけのことであるのだから、大将軍とはかくあるべしとか、猪武者などとどしいくさをしている場合ではないはずである。

讃岐八嶋はふないくさとはいえず、平家は舟の上であるが、源氏は馬である。潮が引くと馬で寄りつけるほどの舟を奇襲するのである。

九郎大夫判官、其日の装束には、赤地の錦の直垂に、紫すそごの鎧きて、こがねづくりの太刀をはき、きりふの矢をひ、しげとうの弓のま（ン）なかと（ッ）て、舟のかたにらまへ……。

物語とはこんなものだと言ってしまえばそれまでのことであるが、語るについて、確たる証拠があってのことではないのだが、聞く方がいかにもありそうなことだと聞けば物語は成り立つのである。そして知っていることを聞いて、まあ納得するのである。

この源平合戦は壇浦で源氏が勝つことは先刻承知の上で、語り続け、聞き入るのである。壇浦ではふないくさ上手の平家が押し気味であったのが、潮の流れが変わってからは源氏の圧勝となる。これもまた言わずもがなのことであった。あれ程の対立のもととなった逆櫓については壇浦合戦の場面では一言もふれられることはない。

其日判官と梶原とすでにどしいくさせんとする事あり。梶原申けるは、「けふの先陣をば景時にたび候へ」。判官「義経がなくばこそ」。「まさなう候。殿は大将軍にてこそましし候へ」。判官「おもひもよらず。鎌倉殿こそ大将軍よ。義経は奉行をうけ給たる身なれば、たゞ殿原とおなじ事ぞ」との給へば、梶原、先陣を所望しかねて「天性この殿は侍の主にはなり難し」とぞつぶやきける。判官これをきいて、「日本一のおこの物かな」とて太刀のつかに手をかけ給ふ。梶原「鎌倉殿の外に主をもたぬ物を」とて、是も太刀のつかに手をかけけり。

またも、「どしいくさ」である。長々と『平家物語』を引用しているのは梶原と義経の事を確かめるためではない。舟のことについてである。

逆櫓をつけるつけないで対立してきたのに、ここまでは逆櫓のことは繰り返されることはなく、梶原と義経のことばかり繰り返されている。

長く引用してきたのはそのことを確かめるためではない。ふないくさに調練しない源氏は、舟を陸上の馬のように、機能的に動かすにはどうすればいいかを話し合う作戦会議のはずであったことを確かめるためである。

語り口は義経と梶原の対立基調ではあるが、物語の大筋は戦術であったのである。これに対して、平家は少しばかり趣が違う。

平家の方にははかりことに、よき人をば兵船にのせ、雑人どもをば唐船にのせて、源氏心にくさに唐船をせめば、なかにとりこめてうたんとしたくせられたりけれども、阿波民部がかへりちうのうへは、唐船には目もかけず、大将軍のやつしのり給へる兵船をぞせめたりける。

平家はたぶらかし戦術にでたのであるが、阿波民部の「かへりちう（返忠）」によって、その作戦も功を奏さず、よき人がのっているはずの唐船には目もかけずに兵船が攻められたのである。ここでは源氏の機能的作戦が平家の戦術を上回ったことを示すために引用したのではない。兵船と唐船の違いがあることを示すためである。引用部分の文意からすると、よき人は唐船にのり、雑人どもは兵船にのるのが常識であったのであろう。そのうらをかいたはずの平家の作戦が失敗したのである。

源氏の兵ども、すでに平家の舟にのりうつりければ、水手梶取ども、ゐころされ、きり卿小船にの（ッ）て御所の御舟にまいり、「世のなかいまはかうと見えて候。見ぐるしからん物どもみな海へいれさせ給へ」とて、ともへにはしりまはり、はいたりのごうたり、塵ひろい、手づから掃除せられけり。

ようやく御所にたどり着いた。

「御所となっている御舟。御所は天皇のおられる所」と頭注にある。注で知識を注入しなくとも、『平家物語』を聞く人も、語る人も御所がどんな物かはよく知っているのである。御所は京にあるもの。それが京を追われて西の果て壇ノ浦にある。しかも御所の御舟はたぶらかし作戦によって、よき人を兵船に、雑人どもを唐船にのせているのだから御所の御舟はよけいにみすぼらしいものである。よき人の最期にしてはあまりにも哀れである。

長々と源平合戦のふな戦を引用したのはこのためである。貴き人のいるところは御所であり、しかも最期の場所なのである。その哀れさに涙するために、繰り返し繰り返し語り、また聞くのである。

御坐は方形でひとときは高くあるべきものである。その高い所にお坐りになるのが貴き人なのである。

日本列島では貴き人はそのように坐るようになっている。莫高窟でお坐りになった仏様も、坐る作法のなかでは座り心地がいいのだろう、坐るかたちになってしまった。

莫高窟では椅子にお座りであったはずが床の上に坐るかたちで蓮台の上にお坐りになっている。

夢か現か、はたまた

方形の一段高い所に坐っているのは、貴い方と仏様であるが、神様はそこで動き回る。隠岐の古典相撲は方形の土俵の上に三段の円形の土俵が重なる。その三段の土俵の上はずいぶん高くなる。円形の土俵を作り上げているのは文字どおり俵であるが、その俵が二斗俵である。

このことからも、この古典相撲が室町時代からの姿を伝えているだろうことがうかがえる。

さらに室町時代を髣髴とさせるのは、行司が述べる口上である。

神社の祭礼で宮司が述べる祝詞と、今の和歌の詠み振りが伝えられているとおりだとして、この二つを別にすれば、古くから伝わるといわれる祭りの口上は歌舞伎調であるが、ここでは狂言調で述べられる。口上ばかりでなくしぐさまでが狂言を思わせ滑稽でもある。

行司が奉納相撲の口上を述べた後は、力士の土俵入りである。呼び出しが力士を呼び出すのであるが、これが、いまの大相撲と大きく違ってくる。呼び出しではなく名乗り合いである。

この奉納相撲には、隠岐の島中から力士が集まってくる。呼び出しはその力士と一緒に集落を代表して場所入りしているのである。だから、力士自慢は村自慢でもある。

力士自慢、村自慢は場所入りの時から始まっている。集落から五箇村水若酢神社まで力士はまわしに浴衣がけで、役力士は大巾（大相撲でいう化粧まわし）をつけて、行司や呼び出しは羽織袴姿で歩いて場所入りする。力士や行司呼び出しの外にも、幟を立てて共に甚句を唄いながら水若酢神社特設の三段土俵に向かうのである。

その甚句が力士自慢村自慢なのである。甚句の文言をそのまま紹介できないのが残念だが大略はこんな意味である。

今年は豊年満作でうまい米がたくさん穫れた　うまい米をたくさん食って力士は力自慢で負けはしない　どすこい　どすこい

勝負師に女はじゃまだ　気が散って勝負に集中できぬ　だから娘さんよ　力士にゃ惚れるなよ　泣きを見るのはあんただよ　どすこい　どすこい

大相撲の相撲甚句がで地方場所で、その地方をほめあげる内容になってしまっているのに較べると違いがよく分かる。もともと相撲甚句はおらが村の力士をほめあげ、合わせて村自慢も唄いあげるものであったのだ。

場所入りすると集落ごとにテントが張られて、そこが支度部屋である。

取り組みは座元と寄方が対戦する。座元は水若酢神社遷宮奉祝記念隠岐古典相撲大会を主管する五箇村古典相撲大巾会である。寄方は近郷近在から場所入りした島中の力士たちである。

行司口上から始まった大会は、「顔見せ土俵入り」「草結（中学生の相撲踊り）」と夜を徹して続き、お目当ての本番の「正五番勝負」が始まるのは夜半過ぎである。

「番々外三役」「番外三役」と続き、それも土俵入り、前相撲、役力士取組みが繰りかえされ、「正三役」の登場は夜が明けてからである。それが、土俵入り、前相撲、役力士取組みが小結、関脇と繰りかえされ、大関となり結びの一番は陽が高くなってからになる。正三役大関の一番まで番々外三役から小結前相撲、関脇前相撲、大関前相撲、小結、関脇、大関六番ずつ呼び出し、つまり名乗りあった後座元と寄方とがそれぞれ舌戦と励ましの時間をとって立ち会いとなる。勝負は二番。一番目に勝った方が二番目には負けることになっている。つまり勝負なしなのである。

勝負なしの取り組みが延々と繰り返されるのであるから時間がかかることおびただしい。勝負なしとはいえ初めに勝った方が実質的には勝ちである。だから初めの一番に力が入る。座元であれ寄方であれ島中から選ばれて土俵に上がるからには負けるわけにはいかない。役力士として土俵に上がることはいつのことになるか分からない。

座元であれば、多くの土地の人の前で、寄方であれば道々甚句を唄いながら共に場所入りした人やそれを見送ってくれた人たちに顔向けができないようなことだけはしたくない。地元の人の名誉と自分のためにもどうしても最初の勝負に勝たなくてはならないのである。

役力士の取り組みには桟敷から、応援とやっかみと励ましの塩が浴びせられる。力士も土俵も真っ白になるほどである。この大会に使われる塩は一晩で一トンにもなるという。それ程に、この土俵に上ることは名誉なことなのである。

正三役大関の取り組みは、座元五箇村滝本（二十三歳）と寄方西郷町有木（二十五歳）である。いま一番強い力士同士の取り組みである。二人ともいま一番取り頃である。

番々外三役、番外三役、正三役十八番の取り組みには重屋（二十二歳）と加治屋（三十九歳）や横手（三十四歳）と廻原（十五歳）の取り組みもある。

若い方は上り調子の力士で、将来正三役の大関を張るかもしれない若者であり、一方は峠を越えた力士であることはすぐに分かる。

「あの人は昔からきれいな相撲を取る人であったが、惜しいことに、盛りの時に相撲がなかったから大関は張らんままじゃ」とか「あの若い方は〇〇の息子じゃ、親父さんも大関を張ったからいい相撲取りになるじゃろ」

本人のことはもちろんのこと、父や祖父、果ては叔父叔母までをたどり評定が賑やかである。だから一層負けるわけにはいかない。番付発表から精進を重ね体を鍛えてきたのはそのためである。

この相撲が最後になるであろう三十男は、力の限りをつくして相撲を取る。精進のかいあって勝った。三十男は泣き出した。それと共に桟敷の応援の人も見物人も泣く。

人様の前で泣き、それを許した上に共に泣く。子供たちのことではなく大人たちである。祭りの場という特別のことであるからいいのである。島中の人が集まるのはもちろんのことであるが、島を出ていった人たちも、この時は帰って来る。

精進を続け体を鍛えて役力士をつとめての報賞は、この相撲のために作った三段土俵を覆っていた屋根を支えていた柱である。選ばれて役力士をつとめたことは自慢であるから、その柱に年月日と大会の名とつとめた役どころを書いて軒下に掲げる。

奉納相撲の土俵を覆った屋根の柱を軒下に掲げる名誉は、それを知らぬ人には分からないことである。知っている人にこそ名誉は分かるし、子や孫に伝えられるものである。

知っている人が確かめ合うことは、先に『平家物語』をあげた。それは、その後の義経と梶原のことや、壇ノ浦で平家が敗れ、幼い天皇が海の藻屑と消えたことも知っているから物語の哀れさがより増すのである。しかも、本来ならば御所に方形の座におられるお方が、みすぼらしい舟から入水されたのである。聞いて涙し、涙なしには語れない。

その御座は貴いとはいえ、方形でありながら、一段高いだけである。

三段もある土俵の上の物語は、御座とは較べるべきことではないであろうが、方形の上のことではあるのである。

この場合は、いまの大相撲と較べるべきなのであろう。大相撲はしこ名の男たちが方形の土俵の上で勝負する。その勝負は一度だけである。

三段高い土俵の上では力士は二度相撲を取り勝負なしとする。高きがゆえに貴きとするならば、三段土俵の上の男たちの振る舞いは、何さまのなせる様であろうか。

莫高窟では椅子に坐っていられる方が、日本列島では方形の一段高い御座にお坐りになる。もともとはお立ちになっていた方が、莫高窟で椅子に坐られ、日本列島では腰掛けることなく蓮台の上に坐られた。その座像が貴い方のお姿になってしまった。

床に坐ることが日本列島の作法であり、『平家物語』の言いように倣えば「よき人」は立派な方形の御座にいられることになっている。その御座は一段高くなければならないのである。

床に坐る作法も「よき人」が一段高い御座に坐り。椅子に坐る作法も同じようである。お坐りになったお釈迦様は見るが、お地蔵様の坐っていられるお姿は見たことがない。

仏教が六世紀に伝来して千五百年、伝来の頃の仏様はお立ちになっていることが多いが、時を経るにしたがってお坐りになることが増えてくるのは、莫高窟で「よき人」を現す形として弟子たちは立っているのに一人だけ椅子に腰掛けている形を取ったことを思い返してみればいい。

それが日本列島では床に坐る作法の中で一段高い座に坐るのが「よき人」であるから、椅子に腰掛ける姿から蓮台に坐る形が納まりのいいものになったのである。

高いところに坐るのが「よき人」であれば、高いところで相撲を取る人たちはどういう者なのであろうか。高いところとはいえ、土で作られており、その上で相撲を取る者は衣装はつけずに裸であるから「よき人」ではないといえば言える。

土俵に上がる力士は「しこ名」を名のる。しこ名がやつしであれ正体であれ、土の上で、しかも裸で（素舞い）する者と「よき人」とを較べることなど意味をなさないことである。その土俵が三段高くなっていることに意味を見つけようとすることは、高きにある人は「よき人」であるという日本列島にある思考の形であるのである。

ここは「しこ名」の人と「よき人」を較べることなどせずに、「しこ名」の人たちが三段土俵で相撲を取る人と一段しかない土俵で相撲を取る人とに分けて、それを較べればいいのである。「よき人」にも、莫高窟で椅子に腰掛け、日本列島では高いところに坐った人と、椅子に腰掛けることもなく方形の高いところに坐っている人があるように。

双葉なら芳しおさな児は匂

日本列島の風景に戻ろう。

風景の始まりを水害の始まりから始めた。天変地異があり大雨があり、水が多くなったわけではない。人々が水の傍に移り住むようになったからである。

そのことは『続日本紀』になって水害の記事が多くなり、土木工事も多くなることから雨が降れば氾濫するところを水田となし、そこに人々が生業の場となしたからである。

稲作が始まって二千五百年、水害はちょうどその半ばから始まったのである。『日本書紀』や『古事記』に水害の記事がなく、『萬葉集』の歌が山裾と海辺で読まれたものであることから、日本列島の人々は水平で日当たりがよく水の便がいい土地を水田として使うために川を下っていったことを見てきた。

川を下ることは、水平な広い土地があることと、水の便がよくなること。広い水田には大量の水がいるからである。この大量の水を確保するために、水害の恐れのある場所へ水田を作るようになったのである。

水害の始まり以降の稲作は、稲作の歴史の半ばでしかない。半ばしか遡れなかったのは文献がないからである。歴史は文献と物証で語ることになっているから、書かれたことを物で確認できなければ歴史とは言えない。

近頃では、物と物とを較べることによって、どちらが古いかをいうことも歴史であるといわれている。土器を較べ、古い順番に並べて弥生時代の歴史ができあがっている。

そうであれば、風景を較べることによって、歴史を語ることはできるはずである。ありていに言えば段差の風景をして歴史を語らしめる。ということである。

文献は地名である。地形の特徴が地名に表れている、その地名と風景を関連づければいい。

昔は白が、今は紅がはやり

福岡県に遠賀川《おんが》がある。かつて日本列島の産業を支えた石炭を産出した筑豊炭田のほぼ中央を流れる川である。四十幾つかの支流に分かれているが、その支流のほとんどが掘り出した石炭を川船で運んでいた。

この川に、岩鼻、立岩、岩崎という岩の字が付く地名がある。これは本流だけのもので、支流も含めるともっと多くなるが、いずれも岩が水の流れに迫り流れが滞るところである。だから、その上流は水はけが悪く沼地であり、水田にも開かれることなかったのだが。大きな土手で流れを管理することができるようになるまでは葦が生えるままの風景であった。

水田にもならず、しかも流れが滞るから石炭を積んだ船も通交が困難であったのである。その上、遠賀川は流れがゆるやかで河口から五〇キロの地点で、標高は三〇メートルほどしかないから、よけいに船は通り難くなる。流れがゆるやかであるから石炭を積んだ船が下り、空船を引き上げることもできたのであるが、この沼地だけは下るにしろ上るにしろやっかいなところではあったのである。

川が物の運搬に使われていたことは古代からで、立岩遺跡には南海でしか穫れない貝や前漢鏡があることでもその事は明らかなことである。

この立岩遺跡は遠賀川の流れを妨げる狭隘なところをつくる丘陵にある。米作りが始まる前は丘陵地で人々が生業を成していたことを表す遺跡でもある。おそらくはその頃は立岩とは言わなかったであろうと考えられる。

岩鼻、立岩、岩崎はいずれも岩が流れを妨げているところではあるが、それは川で生業を立てている人が、流れがなめらかではないと困るから、流れを妨げているものに岩と名付けるのであって、立岩遺跡の人々がそれ程に川を頼りに生業を立てていたとは考えられない。

つまり、立岩遺跡の人々は川の流れとは無縁の生業をしていたわけで、関係のないところに地名などつけることはない。このことは、大雨が降り川の水が増え激流となり荒れ狂おうとも、人の生命も財産も失うことがなければ水害とはいわないのと同じことである。

したがって、生業が変われば人々の集まる場所も変わるし、その地名も変わることになる。地名のことにはふれてはこなかったが、生業の変わり様と共に人々が川を下ってきたことは今まで書いてきた。

いま、川を溯ろうとしているし、「記紀」やその他の史料に水害の記述がない頃と場所に行ってみようとしているのである。

「岩」は川の流れを阻害するものという見方は、川を舟で上り下りする人よりも、水平な土地に水を引きそこを水田としようとする人のほうが強い。たまり水や沼の水が使いにくいことは今まで述べてきたとおりである。

「岩」は、このように水を生業の基にしている人にとって都合の悪いことが多いから、地名を付けた人たちは立岩遺跡で生業を成していた人たちではない。ここを立岩と名付けた人たちはもっと後の人たちであろう。事実、岩鼻の上流は奈良津といい、耕作されるようになったのは大きな土手で川を管理するようになってからであるし、岩崎の上流も同じく黒田新田といわれるように江戸時代に水田となった。

生業に関わって地名が付けられるならば、地名は変わりやすいものであると考えなければならない。それでも変わらないのは風景によって付けられた地名である。いつ頃その土地がそういわれ始めたかを別にすれば、地形から名付けられた地名は現在の我々を納得させる。「岩鼻」や「立岩」、「岩崎」が流れを妨げ、水田とすることが困難であったことから地名となり、今もその地名で呼ばれるのはそれを納得する人が多いからである。

川の流れでいえば「河内」がある。流れでできた平らなところを言うようであるが、山あいの流れがつくったわずかな土地に人々が住み生業を成したり、「河内国」というように、山あいのわずかな平地ばかりでなく下流域に広がる平地も言うこともある。

「かわち」「こうち」を漢字で表す際に河内、川内、河地、川地などと書く。こうちは　河内、小内、川内、高知のようにであるから、漢字の表意に惑わされていては地名の風景は見えない。さらには、川内と書き「せんだい」と呼んだりするから、風景と地名はますます遠ざかることになる。

「せと」の場合はさらに広がりが大きくなる。「瀬戸」と書き表されることが多いが、この表現から水に関わることと思われがちであるが、もともとは狭い場所を言う言葉で、裏のせとは家の裏の広くはない庭のことである。広くはないから、川の流れでは渡るに都合のいいところである。川の流ればかりでなく、海でも島と島の間の近いところとなり渡りやすいところである。ところが、「瀬戸」といえば「瀬戸内海」をいうことが多くなった。本州と四国、九州に囲まれた海を「瀬戸内海」というようになったのは明治以降だが、もともとの「瀬戸」はそれ程広くはない。「瀬戸内海」が狭いのは、太平洋や日本海に較べてのことで、明治以前にそういう見方はなかったようである。

海は目の前の海のことで、遠州の人は遠州灘といい、播磨の人は播磨灘といった。この意味では瀬戸内海は幾つかの灘を数えるから広い海であるのだが。

意味が伝わらずに、ほとんど違う意味になってしまった地名もある。先に述べた、筑後川上流の「杖立」や「中津江」は「つえ」がこの地方の方言で「つえる」つまり崩れるという意味を伝えているのだが、使う漢字がその意味から異なる漢字で表現されると崩れやすいところという意味がなくなってしまっている。

ひとふしに深き心の底は知りきや

地名のいわれは地形の特徴を表している。地名と風景から記述のない時代の日本列島の歴史に分け入ろうとしている。

青森に三内丸山遺跡がある。縄文時代は定住はしていないという定説を覆して五千年以上にわたる定住遺跡である。その生業振りは調査結果が発表されるたびに驚かされることばかりであるが、いまは地形のことに限ることにする。

「さんない」はアイヌ語で丸山のような地形をいう。厳密にいい分けることもないことであるが、「さんない」をあえて日本語にして言えば丸山丸山遺跡となる。

丸山はどういう地形であるかを言えば、丘陵地が平らな土地に緩く消えてしまいそうになるところにこんもりと高くなっている小山である。現在では人々が多く住むところに近い山で、丸山公園や円山公園と言われるところになっている。

江戸時代の「城」がこの地形の上につくられている。小高い丘をいくつかにわたってつくられた大きな城では「一の丸」「二の丸」「三の丸」と過ぎて「本丸」の天守閣にたどり着く。丸が地形を表す言葉として現在にまで伝わっていることがよく分かる例である。

だからといって、丸山や「さんない」が、丘陵地に定住していた人がそう呼んでいたかどうかといえば、後の人が地形からそう呼び出したのであり、丸山は平地から見上げた様の呼び方である。であれば後に丘陵地から下り平地で生業を成す人たちが呼んだのである。これに対して「さんない」は丘陵を下りことなく、稲作を始めることのなかった人たちであるから丘陵地にいて見下ろす様を言うのかもしれない。見渡せば視界の広がるところ、という意味なのであろう。当然のことながら、両者ともその場所に五千年以上も住み続けた人たちがいたことは知らない。

ここでは米を作らない人たちが長い間丘陵地を動かずにいたことである。農業をしている人は定住していることになっていた。ところが日本列島では、稲作を始めた人たちは丘陵地を下りただけでなく川を下り河口にまで行き着くことになったことはいままで述べてきたところである。

定住することが文明の始まりである。定住するから生業の跡が残り、それが遺跡と言われ、歴史の証拠とされてきた。さらに書かれた物があれば遺跡と史料で歴史を説明してきたのである。

日当たりがよく、水平な土地があり、水の便がいいところを水田となして、稲を作ってきた日本列島の中で五千年以上も同じところで生業を続けた人々はいない。

もちろん、稲作が始まって二千五百年。稲つくりを同じところで続けたところで五千年には及ばない。一方を文明であり、一方をそうでないとしてきたのは書かれた物を史料として説明できるからである。史料がなく説明できないものは文明ではないことになるのである。稲作以来二千五百年のうち説明の史料があるのは、水害の始まりからの千五百年である。その上、川を下るについては常に新しいことが時代思潮として繰り返されてきた。このこともいままで何度も繰り返し述べてきたことでもある。

中国では前の王権を正当に引き継いだことを示すために正史を編纂し自らの証明とした。これも先に述べた。しかるに、日本列島では簒奪もなければ革命もないことになっているから、前の王権の正史を書くことはない。自らの新しさを主張するために書いた物を作り、それが歴史書となった。だから、書かれていないことは歴史ではなくなったのである。

書かれていないことを歴史とするために風景を検証し、地名で言葉を遡るのである。

渡るには、ほんの数歩だが

長崎、宮崎、県ではこの二つであるが、市町村では長崎、宮崎を始め高崎、川崎、尼崎、柏崎、城之崎、津屋崎など、崎の字が付く地名は多い。さらに海沿いに地図帳をたどれば崎のついた地名は多い。犬吠埼、野島崎、御前崎、野母崎、日御碕、地蔵崎、竜飛崎さがしていけば限りがない。さらに岬をこれに加えるとさらに多くなる。

襟裳岬、納沙布岬、知床岬、宗谷岬、積丹岬、北海道の尖った先だけでもこれ程に多い。

丘陵が海に入り込むところが崎であり岬である。山脈がそのまま海に入り込んでいるといわれる襟裳岬は風景も大きくなる。すぐ後ろまで日高山脈が迫り、海の中にその山脈が沈んでいく様がよく見える。他の「崎」や「岬」も規模の大小はあれ、いずれも陸地が海に突出しているところである。

海ではなく陸地に突出しているのを「埼」と書き、使い分けをしている。佐賀県に神埼町がある。群馬県の高崎市も高埼と書くべきなのかもしれない。それとも、遠い昔には海がそこまであって「崎」の風景があったのかもしれない。

ともかく平地に丘陵が突きだしている風景を「埼」と言い、その先に小さい瘤のような小山があれば、それを丸山と言うのである。

埼玉に丸山があるかどうかは別にして、語順は逆であるが、多摩丘陵の果てるところの風景であれば地名は合致する。

同じような風景の中にあって「崎」でもなく「埼」でもなく「さし」という地名がつくところがある。岩手県の江刺市、北海道に江差町と枝幸町の二町である。

江刺市は北上川沿いにあり内陸であるが、江差町と枝幸町は海辺の町である。

陸地が海に突き出ているところを崎ということは先に述べたとおりであるが、崎と崎の間は入り江となり港に適したところとなる。風を防ぐために港には防波堤を築くが、両側の崎がその役目をしてくれる。

江差町も枝幸町も良好な漁港であり、鰊がよく穫れる時には江戸以上の賑わいであったという。

江刺市も内陸にありながら同じ風景の地名であるとしたほうが風景の特徴がよく見える。両側の丘陵地、つまり山の尾根が風を防ぎ北上川が運んできた土がなめらかに広がる。さらに南にでも向いておれば農業を生業とする人に取っては最高の場所である。

江差町も枝幸町も北海道であることからアイヌ語からの地名であるとも言われる。「えさし」の風景が船泊まりに都合がいいことから、江戸期から漁港として人々が来て鰊を捕ったのである。風景の特徴を表す地名が北海道でもそのまま使われている。

海と陸の風景で風よけの防波堤となる「さき」なる陸地で囲まれた大きなものを、現在では「湾」というが、この言葉は近頃のことで海の人の生業の大きさがそれ程には大きくなかったのであろう。

生業の大きくなるにつれて地名の規模も大きくなり、いくつかの灘を合わせて瀬戸内海と言うようになったことでもその事がよく分かる。

海の「えさし」が船の人にとって生業の成しやすい場所であるように、陸の「えさし」もそうであったのであろう。この言葉がアイヌ語であれば、農業をしない人々が農業の適地であるという地名を付けるはずはない。ないというより不可能である。したこともない農業の適地など分かるはずがない。

農業は分からないでも、もともとは陸地の人である人たちが船泊まりにいいからと、そこを「えさし」として漁業の基地にすることはない。江差町にしろ枝幸町、江刺市いずれもが昭和になって市の名となり町の名となった。

風景のひとつの特徴を「えさし」と言い、そこが生業の成しやすい場所であることを知っている人たちが住み続けてきた。住み続ける人が多くなれば集落となり村となり町となる。集落の名、土地の名は誰が呼ぶかで変わるものであり、自らを自らで名付けるというあまり機会のないことができるのが町村合併の時である。地名が町の名になった。それだけの話である。

裏山に椎の実拾い

地名は風景の特徴を言うこともあるが、人々の集まり様で言うこともある。

ひとつだけ例をあげる。海辺に浦があり、浜があり、岸がある。浦は漁をする人が住み着き、魚を釣り鮑を捕る。浜はそれを集団で組織だってする人たちが住む。岸はそれをするために人々が工夫を凝らしている海辺である。

浦は浦島太郎が生業を成している海辺。浜は浜中の人が地引き網を引いている海辺。岸は防波堤と艀を思いうかべれば人々の集まり様の違いが見えてくる。浦島太郎は艀から船に乗り防波堤の間を抜けて海にでていくことなどないのである。

これらのことは、確たる証拠とかがあるわけではない。風景を眺めながら思いを巡らせているだけのことである。しかし、ありそうなことではある。

人の集まり様で変わるのだから、同じ地名がいつまでも続くかどうかは分からない。これに対して、地形に基づく地名は変わることはないが、しばしば忘れられることがある。

「えさし」が地形の特徴を表す言葉で、昭和になって市と町の名称ととなって表れ出ただけのことである。

「江刺市」の名は新しくとも「えさし」が古くから住みやすいところであったことには違いない。

藤原氏が平泉に館を置く前にいたところであり、藤原清衡の居館といわれる豊田館跡もある。藤原氏は説明するまでもなく農業の時代の人である。

陸の「えさし」の生業の成しやすいところは農業でも生業の成しやすいところであり、そこで力を蓄えた藤原清衡は農業の川下りの原則により、北上川を下り、平泉でより規模の大きい農業に勢を出すことになる。

藤原清衡が上流から下流へ北上川を下って、より規模の大きな農業を始めた。と書いたが、この農業が米をつくる農業もあったかどうかは明らかではないが、米であったろうと思われる。そのことを思いうかべるのに、「たて」という地名がある。

「たて」は地形ではなく、人々が手を加えて開いたところである。人々がつくった土地であるから、丘陵地から下りて、土地を耕し始めてからのことになる。

「函館市」「大館市」「角館町」「築館町」「平館村」土地に手を加えて使い勝手のいいものにすることを「たて」という頃があり、その頃の言葉が伝わったのであろう。

土地に手を加えて整地をする。箱のように整った土地、大きな土地、方形の土地、平らな広がり、青森市には「沖館」という地名もある。海を埋め立てて土地を作り出すというそのままの地名である。

あるいは、大きな広がりではなく豊田館というように館《やかた》を立てるほどの広さであったかも知れないが、そこから人々の生業が広がり地名として残ったのであろう。

「たて」が人の手が大きく関わっていることをうかがわせるのに対して、「なら」は人の手が加わらなくても言う場合があるようである。平らな土地を「なら」とも言うし、平らにすることを「なら」すとも言う。

「奈良」の都は、大規模にならした平らな土地を作り出した自慢の地名であるのだろう。この「なら」は西日本に多くみられる地名であるが、水平で方形が土地の文明的な使い方であるという文明観はこのように風景と地名になっていまもある。

西日本、特に九州には土地を造成したと思われる「築」の字がつく地名も多い。「築上郡」「築城町」「稲築町」この「築」も「たて」や「なら」と同じように土地に手を加え生業の成りやすいような土地を作り出したものが地名としていまに伝わっている。

新しい土地を作り出すことは、江戸や博多で海を埋め立てて土地を作り出し、そこを生業の地としたことは先に述べたが、それらは海辺のことである。

いま、「たて」や「なら」や「つき」の地名をみたところはいずれも内陸で、山裾である。山裾の傾斜地を水平にすることから日本列島の風景が始まったことはいままで述べてきたとおりである。

水田ばかりでなく、人々が生業を成す場が、水平であることが文明的であることを示すことでもある。丘陵を下りたことと農業を始めたことの宣言のように地名が残っている。

根拠となる史料はない。あるのは地名と風景だけである。しかし、ありそうなことではある。「かわち」「せと」「さんない」「まるやま」「さき（崎・埼・岬）」「えさし」「たて」「なら」「つき」風景の特徴が地名となって、いまも残っているものをあげてきた。風景の特徴とは言え、自然の風景そのままと人が手を加えた風景もある。

「たて」や「つき」は人が土地を「なら」した土地の風景であるし、「かわち」や「せと」「さんない」「まるやま」「さき」「えさし」は自然の地形が人々の生業の成しやすさをつくっている。

自然がつくってくれた土地に大きく手を加えることなく住む人たちと、大きく手を加えて、つまり、農業を生業とするために平らにならした土地を作り出した人たちの違いが地名の違いとしていまある。

「たて」や「つき」さらに「ひく」でもあれば出雲神話の土地作りの世界となる。ここでも後の人が前の人たちをことさらに文明的でないように言う、あの歴史の法則を適用すれば分かりやすい。出雲は銅鐸や銅剣が多く発見される遺跡が多いところであるが、「出雲神話」の神々はそれを使ってはいない。

後のことになるが鉄を作る蹈鞴《たたら》が多く残っているところでもある。山を削って川の水で砂を流して砂鉄を取り出し、木炭でそれを鉄にするという方法が明治まで続いていた。

広島と出雲を結ぶ国道五十四号線は「たたら街道」とも言われ、毛利氏の拠点吉田町もその途中にある。日本列島のどの山も杉か檜の山になってしまったが、この国道を走る間に、その杉も檜もみることはない。木炭にするための樫の山だからである。これも歴史が見える風景である。

それ程に鉄が盛んなところでありながら、出雲の神々は鉄を使わずに国造りをした、と「出雲神話」は記している。

後に来た出雲神話を作った人々が、あえて神々を古い方法の土地作りの人々とするために素手でやったように書き残したのであろう。

新しい土地を作る時に、新しい主人公が登場するのが日本列島の歴史であるから。『日本書紀』や『古事記』さらには『風土記』や『萬葉集』を作った人々が前の人たちを文明的でないように書き残しているのは少し割り引いて読まなくてはならない。

次に新しい人が来たときは、大きく変わるが、来なかった時は変わらずに残ることがあることをかつての城下町にみることができる。

会津若松、松本、長岡などは明治になって県庁が置かれることがなく、次の新しい時代の地とはならず、いつまでも町の風景が変わらなかった。これは大きな城下町よりも小さいところの方が変わらないことが続く。

大分県の杵築、臼杵、宮崎県の飫肥、高鍋、熊本県の人吉、菊池、福岡県の秋月、あげていけばきりがない。いまでは変わらなさが城下町の風情が残るところとして観光地になっているが。町の中心からは外れたところとなっている。

お城が元々が山の丘陵の端に立てられその廻りに家臣の屋敷が並んでいるというつくりになっているから町のにぎわいから遠いところになっている。だから、なおさら変わることなくあり続けることになる。

あげまきは二つ、ひとつはちょんがく

茜草指　武良前野逝　標野行　野守者不見哉　君之袖布流
あかねさす紫野行き標野行野守は見ずや君が袖振る

額田王の短歌は先に述べたところであるが、ここでは「茜草指」について考えてみる。「茜草指」は枕詞で「あかねさす」と読むとされている。枕詞は次にくる言葉を飾るもので意味はないといわれている。したがって、「あかねさす」は次の「紫」を飾ることになり、「あかねさす・紫」と一体で読み、ここでは紫を読めばいい。ということになっている。
枕詞は言葉としてあるだけで意味はない。ということになれば、額田王の歌の後に取り上げた柿本朝臣人麿の「安騎野」（九十五頁）の歌は無意味な言葉が続く歌ということになってしまう。

八《や》隅知之　やすみしし・王
高照　たかてらす・日
神長柄　かんながら・神
太敷為　ふとしかす・京
隠口乃　こもりくの・泊
瀬真木立　まきたつ・荒
石根　いわがね・禁
坂鳥乃　さかどりの・越

玉限　たまかぎる・夕
草枕　くさまくら・旅
真草苅　まぐさかる・荒

意味のない字が九十二字のうち二十七字もあり、短歌では二十字中三字である。しかも、この歌は意味のない言葉から始まっている。短歌までもがそうであるし、額田王の短歌もそうである。

飾り言葉であるから、次の飾られている言葉から始まると読めばそんなことはない。とは言うものの始めに意味なしなどあるはずがない。と思えて落ち着かない。

大事なこと、大切なことだから、頭書するし、重ねても書く。ここは重ねて書かれているのである。丘陵の上の人たちの言葉と丘陵を下りて農業を始めた人たちの言葉で。

「やすみしし・吾が王」、あの王の、他でもないあの王、と歌が始まる。だからその王の業績を歌いあげたものになる。

「まぐさかる・荒れ野の歌」も、この荒れ野こそが詠われるべき土地である。だからこそ君の形見となる。

額田王のあかねさすの歌も、冒頭繰り返しの強調であることから、そんなに袖を振らないでくださいよ、野守が見ているではありませんか。と読むより、あかねさす・紫野という土地が詠われていると読んだほうがよさそうだ。

あかねさすと飾られる紫野とはどういう土地なのであろうか。茜草指をあかねさすと読み、武良前野をむらさきのと読むことから考えてみる。

指をさしと読み、武良前野のさきを丘陵のさきと読めば。さきに述べた、さきとさきでつくられたさしの風景を思い浮かべることができる。

紫野も標野もそれでつくり出される。あかねさしもそれ程に豊かで生業の成しやすいところであるのである。額田王と袖振る君は丘陵地を下りた平地の人。野遊びに浮かれてはしゃぐものではありませんよ。丘陵を下りていない人（野守）もいるのですから。

そう読めばこの歌の意味も大分変わってくる。そう読まなければならないという根拠はない。地名と風景があり、後の人が書き残した史料があるだけである。新しい人が来て新しく土地をつくる様子が見えるようである。

さしが付く地名に「むさし」や「さがみ（さねさし）」「かなざし」がある。「むさし」は「武蔵」と書き「さがみ」は「相模」と書き、枕詞が「さねさし」である。「かなざし」は「金指」と書き静岡県にある地名である。他にもあり、さきにふれた「えさし」もある。「え」や「む」や「さね」、「かね」などは「さし」の飾りであったのであろう、「さし」だけで使われることがなく、武蔵、江刺、金指などと使われるうちに「さし」の意味も「むさし」の意味も分からなくなってしまった。

埼玉も多摩丘陵の埼がつくるいい「さし」であるという地名であるかもしれない。前橋も赤城丘陵の前（さき）がつくる橋（さし）であるのかも知れない、その意味ならば「さきさし」と発音するのがいいのだろうが、「さきさし」を前橋と字を充てたから「まえばし」という発音が定着してしまった。

高崎の（さき）も同じように丘陵の（さき）のことである。海の崎と陸の埼とを書き分ける漢字の使い方からすれば高埼と書く方が風景にかなっている。

音に字を充てることは日本列島では長いこと行われて来たことであるが、字の方しか読まないから字の読みが定着することになる。北海道はアイヌの言葉を漢字で表記するようになって百年である。「つきさっぷ」という音に「月寒」という字を充ててそれを読むうちに「つきさむ」と発音する人はいても「つきさっぷ」と言う人はもういない。百年にしてこの定着ぶりである。北海道には他にも多くの地名が漢字で表記されているのであるが、百年にしてこの変わり様である。

野に春を知らせる

もう少し長いと思われる地名が金砂である。今は地名ではなく東金砂神社、西金砂神社という神社の名前となっている。西金砂神社は七年めごとに、東金砂神社は七十三年ごとに祭りが行われるという神社で、東金砂神社は茨城県水府村に、西金砂神社は金砂郷町にある。

金砂は「かなさ」と発音する。しかし「かなさ」と読んだからといって意味が分かるわけではない。意味が分からないから漢字の意味を読むことになる。金の砂だからいいところに違いない。という具合に。

「さし」という言葉と意味が伝わらなくなって飾り言葉のついた「かなさし」も分からなくなり、時がたつうちに「し」が消えて「かなさ」になってしまったのである。

「さし」と発音が残っているところでも「江刺」「枝幸」「江差」「武蔵」「金指」のように「さし」にいろいろな字を充てている。意味が分からないからである。

「かなさ」が「かなさし」に違いないことを確かめるには風景を見ればいい。茨城県の北部になだらかに広がる山地がある。東金砂神社の水府村も西金砂神社の金砂郷町もその山地の南側の先にある。山地には高い山がないから険しい谷も切り立つ崖もない。尾根もなだらかに平地に入り込み穏やかな平地が始まる。見事な「さし」である。

穏やかな生業が続いてきたであろうことをうかがわせるのに続いてきた祭りがある。東金砂神社に七十三年ごとに行われている祭りは未年に十七回めが行われたという。言い伝えどおりであれば千百五十二年前二第一回目があったことになる。千百五十二年前は平安の初めである。これでは京都の祇園祭より長くなる。確かに遡る記録では四度目になるようであるが、それにしても二百十六年前である。二百年以上祭りが続くのは生業が変わらなく続いているということである。

七十三年ごとの祭りは四〇キロ離れた日立市の水木浜に潮浴びに行くのである。往復八〇キロを七日かけて旅をするのであるが、訪れる先々で神事を行い田楽を舞う。

西金砂神社は七年め毎に祭りが行われるが、水木浜まで行くのは七十三年めの東金砂神社と一緒の時だけである。

七十三年目毎の祭りなど、続くとはいわないのではないかと思いがちであるが、その下地は東西両神社の氏子や近隣の集落に連綿と続いている。田楽は毎年の祭日に舞うし、西は六年に一度神輿が旅をする。

神社を祭り続けることは氏子たちが変わらぬ生業を続けられていることである。「さし」はそれができるところである。確かなことだけでも二百年、言い伝えによればおよそ千二百年、地形の特徴を地名にしたことからすればそれ以上も前から変わらぬ生業が続いてきたといえるのである。生業の成しやすいところには次の人たちが来て風景を変えるのであるが、ここでは次の人たちも来なければ、自らが変えなければならないほどに生業がたちゆかないということもなかったのである。

「さし」の生業の良さを示すところに長崎県の「佐世保」がある。丘陵が急に海に入りその間に「さし」ができる。天然の良港である。古くから松浦氏が根拠地としたところでもある。「さし・浦」が元々の地名であったのであろう。いつの間にか「さし」が忘れられ「佐世保」

になった。近年に軍港となり、今では自衛隊の船が出入りする風景となっている。「さし」はこのように新しい次の人が来るところであるのである。

生業の成しやすいところには人々がやって来やすいところでもある。「佐世保」が新しい人が来て風景が変わったところであるし、東・西の金砂が次の人たちが来なかったところであるが、いつの間にか「さし」は伝わらなくなり、意味も分からなくなったが、風景だけは変わらない。

山深く入らなくても裏山に

風景が変わらないまま続いているところが他にもある。国東半島である。

まず、半島を海沿いに回ってみると、日本列島の他の海辺で見る風景と違っていることが分かる。埋め立てがないのである。白砂青松は日本列島の海辺の風景のきまりとなっているが、この風景は江戸時代に埋め立てて水田をつくるための防風林であったのである。江戸時代、国入りした領主は海を埋め立てたり川を灌漑して水田をつくった。以来海辺の松林は稲作を守る風景となっている。その風景が国東半島では見られない。

ならばと、山のほうへ川に沿って入り込んでみると、ここも馴染みの風景ではない。土手がないのである。山も高くなく、川の流れも細いから大きな土手など要らないといえばいえるのだが、土手を築き川の流れを決めてからそれに沿って水田を作るのが江戸時代の川の管理の方法であるから、江戸時代に開かれた水田は川の流れがすぐに見えるようになっている。

国東の山あいの水田には川がないのである。つまり、江戸時代の水田の作り方ではない風景が今もある。国東半島は宇佐神宮の荘園として開かれたといわれ、その頃の図面も出てきているが、その図面のとおりの水田が並んでいる。

国東半島は、荘園として開かれた風景が今もそのままにあるのである。次の人たちが来て新しい水田を作ることがなかったのである。今までの人たちも新しい工夫をすることもなく生業が続けられてきたから、風景が千年以上も変わることもなく今もある。

風景が変わるかもしれないような要素を秘めてはいるが、すぐには見えない大きな変化が起きている。水のことである。

水田から水田へ、さらにまた次の水田へと水田を巡って下に流れていたのである。それが溝から水を取り溝に流す方法に農業改良事業で変えられた。水が水田を巡っていたときには同じ流れにある水田は同じ時期に農作業をしなければならなかったが、水の流れが水田ごとにできるようになれば同じ時期に作業をすることはない。作る品種も違っていいし、なにより米を作らなくて、他の作物でも作ることができる。千年以上続いてきた何事も一緒という協同する農作業が崩れるかもしれないが、今は千年の風景がそこにある。

地名を漢字で、しかもいい字で表記するようになって千三百年、水害の始まりと同じである。

字が読める人がそれを読み、そしてさらにいい字に書き換えた地名もある。

地形をいうことばが地名となっていたことも、漢字表記に惑わされて、もとの地形が分からなくなった。風景から地名を呼び戻すしかなくなったのである。

さらに、風景が変わるときは生業が変わるときである。これは多くの例を日本列島で見ることができるし、変わっていくときにもとの地名が忘れられた例も見た。

風景が変わらない例も見た。生業を変える必要がないから変わらなかったのである。それに次の人も来なかったから風景も変わらなかった。

心を決めてしまえば家の作りなど

二千五百年前に米作りが始まった日本列島の風景を思いうかべてみる。

千三百年前からの風景は書かれた物と共に思いうかべてきた。川が作った土地を水平にして水田を作って来たから、より広い土地により広い水田を作るために川を下った。川が作った土地、つまりは氾濫地である。水害が常につきまとう稲つくりなのである。

ところが、それまでのことが書かれた史料には水害がない。『古事記』や『日本書紀』さらには『萬葉集』がそうである。このことはこれまで述べてきたので繰り返さない。

これも繰り返しになるが、書かれた物がない時代の風景は地名を頼りに人々の集まりを思いうかべることができる。地名は地形の特徴を表している。このことを前提に地名から風景を思いうかべてきたが、そこで米が作られていたことは明らかではなかった。

水平にする土地があり、日当たりがよく、水の便が良いところを水田として稲を作ってきたことは、これも繰り返し述べてきた。


「上野介」これは「こうずけのすけ」と読む。「忠臣蔵」に詳しい人ならよく知っている名前である。「上野」を「うえの」と読まないで「こうずけ」と読むわけとなると講釈できる人は少なくなる。

「こうずけ」のまま講釈しようとするとなかなか先へは進まない。「毛野」という国があり、これを上・下に分けて「上毛野」「下毛野」。これを二字で表して「上野」「下野」。読みは「かみつけぬ」「しもつけぬ」と読んだ。「かみつけぬ」が訛り「こうずけ」と読むようになったのである。

上・下に分けて「総」の国は「上総」「下総」、これも「かみつふさ」「しもつふさ」が「かずさ」「しもふさ」に。

前・後に分けて「豊」の国は「豊前」「豊後」、これは、結局「ぶぜん」「ぶんご」と読むようになっている。「筑紫」も「筑前」「筑後」と書き「ちくぜん」「ちくご」となる。

前・中・後に分けて「越」は「越前」「越中」「越後」と書き「えちぜん」「えっちゅう」「え

ちご」に。「吉備」は「備前」「備中」「備後」と書き「びぜん」「びっちゅう」「びんご」に。

文字の表記と読み方は分かるが、地名の「毛野」「総」「豊」「筑紫」「越」「吉備」の意味は分からない。このうち「毛野」については他所にも地名があるからそれらから土地の特徴、つまり、風景を思いうかべることができないものだろうか。

長崎県に「野母崎」福岡県に「野芥」「芥屋」がある。「のも」も「のけ」も「けや」も元々は「野毛」あるいは「毛野」といわれていたのではなかろうか。

「のも」「のけ」「けや」などの読みがそれぞれの字の表記になり「野母」「野芥」「芥屋」などとなった。これを拡大解釈すれば「能登（のと）」や「野島（のしま）」「能島（のしま）」「能古の島（のこのしま）」「野崎（のさき）」などにも「野」と「毛」は及ぶのではないだろうか。

「野」を書き表した史料がある。すでにお馴染みである。

茜草指　武良前野逝　標野行　野守者不見哉　君之袖布流

あかねさす紫野行き標野行野守は見ずや君が袖振る

「野」が三度も使われている。この短歌を引用するのも三度目である。

一度目は『萬葉集』の歌が山裾と海辺の歌しかないということを述べるために。二度目は

「さし」の風景を述べるために。三度目は「さし」のうちでも「野」がどういう風景であるかを述べるためにである。

「野」には野守がいるのである。紫野や標野には守らなければならないようなところなのである。

ここでの「野」は「さし」が平地をいうのに対して「さし」を囲むように迫っている「さき」つまり丘陵のことをいうのではなかろうか。平地から見た小高いところ、しかもそこはやせた土地でもないし樹木が立っているのでもない。君が袖を振るのが見えるのだから。

蒲生野に猟をした夏五月五日であるから、視界を遮る高くのびた草もないから猟をするにはいいところである。これは東に炎を見た安騎野でも同じこと。

中国では王城の壁の外は「郊」さらにその外が「野」さらに遠くの山の裾が「麓」である。日本列島では王城そのものが山の麓にあり「郊」も「野」もすでに丘陵の始まりである。あえて中国に倣い「野」をつくり出したのである。

ここでは中国の「野」に較べて日本列島の「野」は広がりに乏しく傾斜が急であるなどとはいうまい、平地から丘陵を見上げるという見方が『萬葉集』で始まったといえるのである。「さき」や「さし」は丘陵の上から地形を見ての地名であったのかも知れない。だから「さき」や「さし」が平地から見て「野」になってしまって、その意味が忘れられてしまったのではなかろうか。

先にあげた「野母崎」「野芥」「芥屋」はいずれも海に張り出したところの地名である。いわゆる「さき」なのである。「野母崎」は「さき」から見た地名と、海から見上げた地名が二重になっている。「能登」や「野島」「能島」「能古の島」も海から見れば丘陵であるし、島でもある。

「毛」であるが、「野毛」または「毛野」が読みの音が様々に訛り書き留められることになって、今地名としてそれを見ている。「毛」は人や動物に生える「毛」である。

「毛」が盛んに生え替わり、毛深い人も動物も元気なように、草木が生い茂るところが土地がやせているはずがない。

岩ばかりの草も木もないところは「野」も「毛」も地名に含まれないし、そんなところには人々は住まないから地名などない。地名は人々が生業を成すからあるのであって、生業のなせないところに人々が住むはずがない。

地味豊かで、地勢の盛んなところであるから人々も生業が成しやすいし、動物も多い。「毛野の国」は豊かな丘陵の広がるところなのである。

小さな淀みだから二三艘もあれば

土地の盛んな様を人の身体の様でいい、それが地名となっていた。もうひとつ、身体の様でいわれる地名がある。「隈」である。

「大隈」「牛隈」「吉隈」「忠隈」「田隈」「金隈」「七隈」「干隈」「月隈」「西隈」「花隈」「阿武隈」あげていけばきりがないほどに多い。大隈、牛隈、吉隈、忠隈は福岡県の遠賀川沿いに、田隈、金隈、七隈、干隈、月隈は福岡市周辺に、月隈は筑後川沿いに、花隈は神戸市に、阿武隈は福島県の山脈である。

「大漢和辞典」（諸橋轍次著）にはこうある。

【隈】

①くま。イ水が岸に曲がり入ってゐるところ。ロ山の入りくんだすみ。②がけ。きし。③ふち。水深く魚の集まる處。④すみ。⑤かげ。おほはれた處。⑥弓のまがったところ。弓淵。⑦またぐら。股間

〔邦〕くま。イ色と色との接觸する所。又、光と影との接合部。ロくまどりの略。

いい印象の言葉ではない。その地名の所に立てばすぐに分かることであるが、山の北側にはこの地名の所はない。南に開けた所ばかりである。南側にありながら、暗くしかもすみであるのは山の木の茂みのすぐ隣であるからである。

人の身体でいえば、髪の生え際のことである。その髪の方ではなく、生えていない肌の方で

ある。くまどりをする部分なのである。

「目にくまができてるよ」といえば、目ではなく目の側の肌、皮膚が黒ずむことをいう。ここでも身体のことをいう言葉を使って地形の特徴を言っているのである。

ここのことは「野毛」「毛野」が「毛」の盛んな様で地勢の様を言っていることと同じことである。「毛」が見渡す限りの風景を言ったのに対して「くま」はそれ程広くはない様である。「がけ」「ふち」「かげ」の解釈からもそれは分かる。「弓のまがったところ」「またぐら」にいたってはその広さは推してしるべしである。

袖振る君が見えるという広さは「野」の風景である。

これは今でも「界隈」という場合ぶらぶらと歩き回れる広さである。車で回らないと一日ではとても回りきれないという広さはいわない。

「野」が「さき」が作った「さし」の平地から見上げた丘陵をいったように「隈」もことさらに「すみ」や「ふち」になぞらえたのかもしれない。


爾に速須佐之男命、天照大御神に白さく、「我が心清く明きが故に、我が生める子は手弱女を得つ。此れに因りて言さば、自ら我勝ちぬ」と云して、勝さびに、天照大御神の営田の阿を離ち、其の溝を埋め、亦其の大嘗を聞し看す殿に屎まり散らしき。故、然為れども天照大御神はとがめずて告りたまはく、「屎如すは酔ひて吐き散らすとこそ我がなせの命如為つらめ。又田の阿を離ち溝を埋むるは、地をあたらしとこそ我がなせの命如此為つらめ」と詔り直したまへども、猶其の悪しき態止まず転ありき。天照大御神、忌服屋に坐して、神御衣織らしめたまひし時、其の服屋の頂を穿ち、天の斑馬を逆剝ぎに剝ぎて堕し入るる時、天の服織女見驚きて、梭に陰上を衝きて死にき。

（『古事記』、日本古典文學大系、岩波書店）

誓約の結果、速須佐之男命は自分が天照大御神に勝ったと、勝ちに乗じて荒々しく振る舞い、天照大御神の水田の畦を壊したり、溝を埋めたり、神殿に屎まり散らしたりした。屎まり散らしは酔って吐いたのがそのように見えたのでしょう、田の畦を壊したり溝を埋めたりしたのは土地を新しくしてつくり直すためでしょう。と弟のために弁解するのだが、なお悪態は止まず、神御衣を織らしているとき、機織屋根に穴をあけて逆剝にした馬を落とした。機織女は驚いて梭で陰部を衝いて死んでしまった。

その後、天照大御神は天の岩戸に隠れることになるのだが、引用したのは水田の場所を見るためである。水平な土地に溝で水を引き、水田としていることが読みとれる。

水平を保ち水を張るための畦を壊し、溝を埋めて水を引けなくしたのだから速須佐之男命は稲作をする人たちに対しては大罪を犯したことになる。

畦と溝は稲作をする水田にとってはなくてはならないものである。ところが天照大御神の弟のための弁ではその大事なはずの畦と溝が壊してもかまわないものになる。

「新しく作り直すために私が命じたのです」

水田が、まだ水害のある場所までは下りてきてはいないことを知っている者にとっては、傾斜地の水田であることが分かる。

傾斜地の水田では作り直すことはめずらしいことではないのである。手入れを怠ると畦は壊れ、水が漏る。溝も同じく水が流れなくなる。水の来ない溝や畦の漏る田は水田とは言えず、もちろん稲は作れない。だから新しくつくり直すこともめずらしいことではないのである。

天照大御神の営田の風景を思い描くことができたであろうか。水害が『続日本紀』から始まる前、土木工事の得意な天皇が溝を掘り、池を作ったことを『日本書紀』に見たことを憶えている。新田開発もあったであろうが、保守や作り直しのためでもあったのである。

「記紀」はこの頃の水田の風景を見ている人が書いたのである。目の前の風景の中に天照大御神の営田を置いていることでもそれが分かる。神々の話は「記紀」の時代よりもずいぶん前の話のはずであるのに、水田の風景だけは「記紀」の頃、つまり水害の始まり直前ということになっている。

水平になる土地があり、日当たりがよく、水の便が良ければそこを水田となし米を作ってきた。と繰り返し述べてきた。土地を「なら」したり「つ（き）」いたりして水平にするのも大仕事であるが、作り上げた水田を毎年つくり続けるのも大仕事である。

畦の草は伸びないうちに刈らないと根が張り畦を痛めることになる。溝は雨の後には浚えないと泥が溜まり水の流れが悪くなる。あるいは傾斜地を流れ下る水で溝が壊れているかもしれない。補修しておかないと水田まで水は来ない。

米作りは手がかかるといわれるが、苗を育てて実らせるのはもちろんだが、水田を使い続けることも手がかかることなのである。

陶淵明は、手がかけられなくなった（畦）が荒れることを「荒径」と言い、「帰りなんいざ」と詠った。その彼は理想郷の風景も「阡陌」の（畦）の水田を「桃花源記」に書いた。目の前の水田と、理想の水田を共に知っているから書き分けている。

今の姉川を見て姉川の戦いを思い描いても数千に及ぶ戦士が戦うことは無理である。川土手がない姉川であったことを知らなければならない。蛭が島も同じこと、大きな土手が蛭などいない土地にしたのである。今の風景の中に頼朝を立たせてみても、頼朝は物語のとおりには活躍はできはしない。

善光寺平の果樹園の中の武田神社で川中島の戦いを思い描いてみても、信玄が何故あれ程に土手つくりに思いを馳せたかは分からない。

物語は作られるものであるから、のちの人が作り上げることはかまわないことではあるが。風景は人々の生業によって変わるものであることを知るものには、物語を作った人が見る風景を書くものであることも知っている。

目の前の風景の中で、速須佐之男命や天照大御神を行き来させてくれたお陰で水害が始まる前の水田の場所を思い描くことができる。

夏の盛りは活発で

ここまでは書かれた物があった。神々が「記紀」が作られる頃の風景の中にいたからである。地名と風景から、神々の活躍する前の水田の場所を思い描かなければならない。

「犀川《さいかわ》」という川がある。京都府は由良川の支流、長野県は千曲川と合流して信濃川に、秋田県は米代川の支流、石川県はそのまま海に注ぐ。字は異なるが福岡県に「佐井川」がある。どれも大きな川ではない。上流・中流・下流に分ければ上流域になる。

そのまま海に注いでいる石川県の「犀川」と福岡県の「佐井川」は例外に属する。日本列島の河川で合流しない川はないから、支流の小さな川までさがすと「才川」や「斉川」「塞川」もある。

「サイ」の音をさがせば、「才田」「斉田」「塞田」「寒田」これも上流域に多い。地形の特徴があるわけでもないし、「隈」のように山の南側に限られるということもない。強いてあげれば、傾斜地で、川は土地を削りながら流れ下るから、田面より低く流れている。だから水田に水を引くには田面より高い所から水を引いてこなければならない。川の流れとは違う流れをつくり、その水を水田に引く。これを溝という。

水害が始まる水田はこの溝がなくても水が引けるし、溝があっても短い。傾斜が急なほど流れる川の水の高さと、田面の高さの差は大きくなる。つまり川は下の方を流れているから水を引く溝は長くなる。水害の始まる水田は、傾斜地を流れ下った水が運んできた泥が堆積した所であるから、傾斜は緩やかになる。川の水はすぐ横を流れているから溝は短くてもいい。水田に引いた水は、水田から水田へ順繰りに流れて下の田へ流れていく。

速須佐之男命はこの溝を壊したのである。

大きすぎる溝を作ろうとして失敗した天皇がいる。


時好興事。迺使水工穿渠。自香山西、至石上山。以舟二百艘、載石上山石・順流控引、於宮東山、累石為垣。時人謗曰、狂心渠。損費功夫、三萬余矣。費損造垣功夫、七萬余矣。宮材爛矣、山椒埋矣。

（『日本書紀』）


時に興事を好む。迺ち水工をして渠穿らしむ。香山の西より、石上山に至る。舟二百艘を以て、石上山の石を載みて、流の順に控引き、宮の東の山に石を累ねて垣とす。時の人謗りて曰はく、「狂心の渠。功夫を損し費すこと三萬余。垣造る功夫を費し損すること七萬余。宮材爛れ、山椒埋れたり」という。

神々の頃は水田を作ることは溝を作ることであったのである。『日本書紀』のこの条は斉明天皇がそれ程水田つくりに熱心であったということの言い換えでもある。

さらに言い換えれば、限られた地形だけに作られていた水田が土木技術によって地形の制約を離れたこととも言えるのである。

地形の制約とは、他ならぬ、水であったのである。水さえあれば水田になる。そこに水を引く。斉明天皇の工事計画は当時の土木技術の水準を超えていたのであろう、だから失敗したし誇られもした。

慰めや気休めを習おうとは

吉野川逝く瀬の早みしましくも淀むことなくありこせぬかも　（『萬葉集』巻二、一一九）

明日香川しがらみ渡し塞かませば流るる水ものどにかあらま　（『萬葉集』巻二、一九七）

この二首は川の上流の流れの早さを言うためにすでに引用した。流れがあまりに速いので少しは淀んでくれないものか、流れを塞さげば心ものどかにあるだろうに、というほどの歌意である。

吉野川も明日香川も共に大和川の支流で、のちに大和川は灌漑工事で大きな水田が作り出された所であることもすでに述べた。
「瀬」の大きさも「淀」の広がりもどれ程のものかもすでに知っている。もう少し下流の「瀬」は飛び越えるのは無理だが、ここの「瀬」ならば飛び越えられそうだ。

『方丈記』冒頭の「淀み」はもっと広く、水は濁って「うたかた」が浮いたり消えたりしていることも知っている。

「塞かませば」は流れを止めてはいない。流れをじゃまする「しがらみ」で流れが少しばかりゆるやかになるのである。「塞」を「ふさぐ」と読み、流れを止めてしまう「ダム」や「井関」を思いがちであるが、ここでは流れに「しがらみ」を渡して、小さな「淀」を作ることである。

その「淀」から水をとり、溝で水田に引く。斉明天皇はこれを大規模にしようとしてうまくいかず、速須佐之男命がこの溝を壊したから姉の天照大御神は天の岩戸に隠れてしまった。「才田」「斉田」「塞田」「寒田」などはこのようにして水を引く水田を言うのである。風景と地名からそういっていい。「さい」の意味が伝わらなくなっていろいろな字で書き表されるようになった。意味が伝わっているのであれば表意文字の漢字がこれ程に多くはならないであろう。

例にあげたもので言えば、「塞田」が本来の表記であるのだろうが、「才田」「斉田」と書き表されるようになったのである。他にも「齊田」「財田」「細田」「歳田」「妻田」「犀田」「祭田」「西田」「材田」「在田」などあげていけばきりがない。

これらの表記が本来の意味が忘れられ、表記と読みでいろいろに変わっていく。「塞田」が「寒田」に誤記されたのであろう、「感田」とさらに変わっていく。「材田」は「村田」や「林田」に。

「斉田」や「斎田」は「ときでん」と読み「時田」に、さらに「得田」「徳田」ともなる。「財田」はその意味から「宝田」に、「田」を「でん」と読み「宝殿」に。「在田」も同じく「有田」に。

「西田」は、それに対して「東田」を生み出すことになるが、「東田」の場所は「塞田」の場所とは異なり、のちの時代となる。「東・西」が対にならずに「西」だけのことが多いのはこのためである。

これらのことは裏付ける史料はない、地名と風景があるだけである。

「犀川」はこれらの「塞田」を作る川を言うのである。「塞川」「才川」「斉川」「財川」「細川」「歳川」「妻川」「祭川」「西川」「在川」などなど、これもあげていけば「塞田」の数とそれが変化した数だけあることになる。

「川」の代わりに「河」や「江」を当てると、さらに多くなり、本来の意味がはるかに遠くなる。

「佐波江」「鯖江」「寒河江」さらに「相模」なども「塞田」「犀川」の仲間に入れてもいいの

ではないかと思われるが、裏付ける史料はない、風景からそう思うだけである。

あてにならないものはかないものを重ねても頼りにはならない

「隈」の話から離れてしまった。「くま」に戻ろう。

神々の水田の場所と風景が、『萬葉集』の歌の風景と重なり、『古事記』『日本書紀』とも重なってくる。いわば、日本列島の歴史の始まりの風景なのである。

この風景の中の水田で、米を作る人々も水には苦労していたのである。

「塞田」の水田で米を作るには、雨の後「塞」の取水口を修理し、溝浚えをするのは、苗を植え実れば刈り取るのと同じく当たり前の作業なのである。当たり前のことは書かれることはない。

斉明天皇の巨大土木工事は当たり前の規模を越えていたから記事になり、「続日本紀」から多くなる「水害」記事は当たり前の様相とは異なる「水害」であったからである。

当たり前の水の管理である農作業をしなくていい水田があればそれに越したことはない。その分だけ米作りが楽になる。

日当たりがよく、平らにする土地があり、水があればそこを水田として米を作ってきたことは繰り返し述べてきた。日当たりは、山や丘の南側であればいい。

平らにすることは、広いものでなければ容易に「なら」すことができるし、畦を「つき」あげれば広くなる。川を下り堆積地では傾斜も緩くなり、さらに広い水田になる。

水は引いてこなければならない。地形や水田の場所によってそれぞれに工夫をしてきたことは述べてきたとおりである。

広くはない土地があり、そこには水がある。日当たりもいい。「隈」である。山の木が生えているのと平地が接しているところ。山の木々が保っている水が少しずつ流れ出るところである。今では「谷津田」といわれる。ここは水を引いてこなくても水があるのである。山が高ければ谷川となって流れ、保水力のない樹木が多ければ水が涸れる。

山は低くてもいいが湧き出る水が途絶えることのない地形であればいい。南に向いていないと湿田となりいい実りは期待できない。

崎や埼でできた「さし」ほどには「さき」も大きくもなく、長くもない。だから、「さし」ほど広くもない。限られたごく一部分、界隈の「隈」の広さである。

山の始まりと平地の始まりの接するところ、人の顔で言えば髪の生え際、つまり「くまどり」の部分、「目にくまができいてる」というときの、「目」を「森」に見たてての周辺、「塞田」を顔の中央部分と見たてての「すみ」「はし」。「隈」の「田」の風景である。これが米作りの始まりの風景である。広くはないはずである。平らにさえすればそこで米を作ることができるのである。そんなところは限られたところにしかない。

先にあげた「くま」の地名は「大隈」「牛隈」「吉隈」「花隈」「金隈」などなど大・牛（おそらく・美し）吉・花・金はどれも美称に見える。

もちろん、これは後の手の掛かる米作りをする人たちが言ったことであろうが、その人たちは米作りを生業の基とし始めた人たちである。雨が降れば取水口を直し、溝を浚え、畔を作り直さなければならない米作りに較べると、「隈」の米作りは夢のような米作りである。「隈」にあこがれ、「隈」を誉め称えても誉めすぎることはない。

平らにさえすれば米ができる所から、より多くの米を作るために「塞田」水田を作り始めたのである。

米作りが変われば風景が変わる。風景が変わることは主人公が変わることである。

繰り返し述べてきたことであるが、水害の始まりから川を下ったときは、他に書かれたものもあり、風景が変わるときには主人公が変わっていた。

ここでは、その史料がない。『魏志倭人伝』を読み返してみると、その事が書いてある。

倭人は東南大海の中にあり、山島に依り国邑をなす。旧百余国。漢の時朝見する者あり、

今、使訳通ずる所三十国。

四通八達の例をあげて、中国の中心からの方角と距離が書いてある物の史料とした。ここで

また引用したのは、倭人の生業の場所が書かれている物として読むためである。「山島に依り国邑をなす」である。広い中国から較べれば日本列島は山や島のようなもの、と読み過ごしていた条である。水田の場所を生業の場所として風景の変化を知っている者には「山島に依り」がどのような風景か分かる。

中国の使いは山裾の人々の所まできていたのである。山が遠くにしか見えない所の人は日本列島の人々の生業の風景が奇異に思われたのであろう、倭人のことを書いた物には繰り返し書かれている。

倭は韓の東南大海の中にあり、山島に依りて居をなす。凡そ百余国あり。武帝、朝鮮を滅ぼしてより、使駅漢に通ずる者、三十許国なり。

（『後漢書東夷伝・倭』）

倭国は百済・新羅の東南にある。水陸三千里、大海の中において、山島によって居る。魏の時、訳を通ずるものが三十余国、みなみずから王と称した。

（『隋書倭国伝』）

おわりに

私は大隈に生まれ、育ち、そこで生きてきました。

物心つくころから、他所にも大隈があり、牛隈や吉隈、忠隈など隈がつく地名があることを知り、遠賀川周辺や福岡市周辺にも多いことを知りました。ほかにも熊本や熊谷、球磨川や千曲川、佐久間ダムなど「クマ」を含む地名が日本列島には多くあることも知りました。そしてそのいずれもが山裾にあることにも気づきました。

山裾と書きましたが、高く大きな山ではなく、せいぜい標高二三百メートルほどの南向きに大隈や牛隈など隈の地名があり、北側にはありません。

遠賀川河口から五〇キロの地に大隈があり、大隈の戸数は八十戸、江戸時代から戸数も人口も変わらずに続いております。

今では使う人はほとんどいませんが、「ブエン」という言葉があります。

「ブエン」は「無塩」と書き、塩物や干物ではなく生の魚のこと。生の魚を食べることは最高の贅沢であったのです。大隈集落の役職を務めると河口の町芦屋に行って「ブエン」することになっております。集落の役職は集金やお知らせを配ることが最初の仕事で、集落の公金で「ブエン」してからがようやく一人前あつかいをされます。

使い走りもしていない者は「ブエン」していない者「アシヤ」に行っていない者で、集落の構成員とは見做されないことになっております。

生の魚など口にすることがなかった山裾集落の言葉と慣習であると言ってしまえばそれまでですが、変化がそれだけ緩慢であるということでしょうか。二百年以上も戸数も人口も変わらないのが何よりそのことを物語っています。

このように、山裾は変わらずに残っていることが多いのですが、地形から名付けられたものはほとんど残っていますし、地形を身体に倣えて名付けられたものが多いことは本文でも述べました。

仏像の衣の模様を襞といいますが、模様を山に見たてれば日田や飛騨はその襞のなかにあります。山を下り凹凸が小さくなれば志波となります。山と平地の境の稲作のはじまりの地を「隈」と述べましたが、「はき」とも言うようです。上着は「着る」と言いますが、ズボンや靴下は「はく」と言います。腰を区切りにはくときるを使い分けます。帯刀と書いてタテワキと読むのは、タチをハクからです。

山を腰から上と見たてれば平地は腰から下ということになり、平地でのことは杷木や萩になります。

山裾の風景と地名の結び着きをここでくり返したのは、日本列島では地名は漢字で表記されますから、漢字の意味の方を読みがちになりますが、音で地名を読めば、身体に倣える地名は多くあることを確認したかったからです。

「辰ちゃんとこの孫か」「昇さんとこか」。集落の行事や氏神様の祭に顔をだすとそう聞かれ、自分の名前で呼ばれるようになったのは近ごろのことです。自分の名で呼ばれるようになって気がつけば、若い顔には「○○さんとこか」「××さんだろう」と言っています。

「村内のことじゃから」「他人様のことじゃから」と役職者の話し合いに作業着を背広に着替えて出て行く祖父や父の姿を覚えています。以前は羽織袴であったそうですが、私たちは普段着で公民館で会議をします。戦後の民主主義は、氏神様の前で羽織袴の話し合いが、普段着の公民館での会議に変わっただけのことと思っております。

人々の集落は大隈ではこのようにして続いて来ましたし、今も続いております。

一方では、石炭が石油に代わったときに炭を掘っていた人たちの大集落が消えてしまったことも見ましたし、高度成長といわれるときが始まるころに出現した「団地」が空き家が多くなっていることも目の当たりにしております。

集落を成して共に生きるということはどういうことか。実は書きたかったのはこのことでした。ところが「大隈」はどういう所であるかを解き明かすために川を下ったり、上ったりしているうちに相当の分量になりましたので隈の風景に帰ってきた所で区切りをつけました。

多くの方に集落の伝承や祭の史料をいただきましたが、今回は使わずじまいですが、つぎには使わせていただきます。

「いろは島の印象」を使わせていただいた山田美術協会梅野巌夫氏、「馬見の見える風景」の碓井町の菅沼誠司氏はじめ、多くの方の手助けによって出版できましたことをここでお礼申し上げます。

最後に。すでにお気づきでしょうが、小見出しは『源氏物語』から借りました。

『古事記』『日本書紀』『続日本紀』をはじめ『萬葉集』『平家物語』など、どれもよく知られたものばかりです。ですから『源氏物語』からも風景を拝借したかったのです。引用文で拝借できないなら、登場人物たちを「源氏絵巻」風に描くのではなくスケッチか風景画で描けば、各巻名は、必ず描かなければならない花や風景となります。

もちろん平安京の主人公たちは水害は知ってはいても、地方では土手を築いて水田を作っている人たちが居ることは知りません。このことは『萬葉集』の歌人たちと同じです。

「源氏名」や「源氏香」のように『源氏物語』に因む名称があるように、巻名によって本の頁の目安としてもいいのではないでしょうか。これを称して「源氏枝折」といいます。

二〇〇五年二月十日

齊藤　晃

齊藤　晃（さいとう・あきら）　1944（昭和19）年、福岡県嘉穂郡大隈町大隈（当時）に生まれる。大学卒業後、福岡県職員となる。生誕地と同名の「隈」の付く地を訪ねて今日に至る。現在、福岡県嘉穂郡嘉穂町在住。

日本的風景考
稲作の歴史を読む

■

2005年2月25日　第1刷発行

■

著者　齊藤　晃
発行者　西　俊明
発行所　有限会社海鳥社
〒810-0074 福岡市中央区大手門3丁目6番13号
電話092(771)0132　FAX092(771)2546
印刷・製本　有限会社九州コンピュータ印刷
ISBN4-87415-513-8
[定価は表紙カバーに表示]
http://www.kaichosha-f.co.jp